# 台灣的颱風

冀家琳　著

# 蒲金標序

財團法人中華氣象環境研究發展中心副董事長兼任執行長

　　我們的台灣，地處副熱帶地區，西鄰歐亞大陸東岸，東接西北太平洋西邊，每年五月至十一月常遭受颱風的侵襲，帶來強風豪雨，洪水和土石流，造成人民生命和財產的損失。本人於1972-2008年從事民航局航空氣象業務，分別擔任民航局飛航服務總台台北航空氣象中心預報員、航管組技正、副主任、主任和總台副總台長，對於颱風預報有多年的經驗和研究。

　　本人於1972-1973年有機緣與本書作者在民用航空局飛航服務總台台北航空氣象中心一起輪值航空氣象預報席位，氣象前輩的他，雖然山西鄉音重，我們在工作之餘，本人很有興趣聽他講述過去的歷練和經驗，他自北京電氣通信學院畢業後，於1948年末來台，1949年初期被分派至台灣省氣象所玉山、基隆、淡水、蘭嶼測候所工作，1956年調至中央氣象局松山氣象台，從事氣象觀測工作。1951年通過公務人員

普通考試及格、1959年通過交通事業人員氣象人員高級技術員考試及格。於1964年隨單位改隸民用航空局，擔任台北航空氣象台主任報務員、於1972-1973年擔任台北航空氣象中心預報員。期間於1962年編著了"Typhoon in Taiwan"（英文版）論文。他於1970年於淡江大學工管系以公餘進修方式畢業，在學期間，初步學習了電子計算機概念，發明字根位符中文電腦輸入法，更於1972年於國科會中文資料處理電子化研究小組發表，獲得該小組成員台大電機研究所江德曜教授、交大電機系謝清俊教授、中山科學研究院宋玉教授和中央研究院劉兆寧教授皆認為可行，該輸入法隨後引起倉頡輸入法、注音輸入法、羅馬拼音輸入法等重要中文電腦的興起。1973年他自民航局退休之後，創立基復有限公司至今，從事無線電等商業活動，成功引進美國ASI LED等電腦顯示板系統、法國SOFRELOG VTS系統、美國公共安全無線電通信控制派遣系統。

　　本書作者年近九十高齡，仍積極發表重要著述和參與社會公益活動，令人敬佩。去年（2016年）還將"Typhoon In Taiwan"論文，修訂成中文版，並增列了1961～2016年颱風統計資料，以淺顯易懂的內容，編著「台灣的颱風」一書，

可供一般大眾來參考閱讀。同時本書也讓我們更加了解於1897-1960年台灣國內外前輩氣象學者專家對颱風觀測與預報等先期研究的努力與貢獻，奠定了近年來颱風預報有突飛猛進的基礎。

蒲金標　序　於台北市大安區

2017年1月29日

台灣的颱風

# 自序

　　在台灣討論颱風的文章，無論在紙本書刊上或是網路上非常多，對颱風的研究已成為普通的常識，但是無論是官方的氣象機構或學者專家，大都是對個別颱風的某些項目作了很卓越的敘述，對颱風有系統的、整體性討論的文章並不多。

　　筆者從事氣象工作歷經25年，1949～1973年，從最基層開始，經歷三個氣象機構，從事過氣象通信工作、氣象觀測工作、天氣預報工作，經歷雖多，但成績有限，民國五十一年（1962年）；大膽的、冒昧的用英文寫了一篇Typhoon in Taiwan的論文，當時只供機關內部參考並未對外發表，1973年從公職退休後，忙於私人事業，無暇再從事研究工作，最近翻閱舊作；將Typhoon in Taiwan一文譯成中文，並蒐集加添了1961～2016的颱風統計資料，使原來舊作Typhoon in Taiwan只有1897～1960年的颱風統計資料，變成本書具有1897～2016年120年間的颱風統計資料，可能成為孤本或稀

有版本，略具對研究台灣的颱風參考價值，故不嫌冒昧大膽完成此書，並承蒲金標博士校正錯誤撰寫序文，在此特表誠摯的感謝，作者本人並非氣象科班出身，外行人寫台灣的颱風不免有班門弄斧之譏，敬希讀者給予批評與指教。

本書的目的，係用簡單明瞭的文字敘述颱風的形成、颱風的結構、颱風的季節與路徑，以及颱風預報技術的演進等作系統性的敘述，希望它能對初學氣象的人們有所幫助，對氣象研究有興趣的人們有些參考價值。

# 目　次

台灣的颱風

# 前言

　　颱風的科學名稱為熱帶氣旋，它是在熱帶海洋上一種極端的、強烈的暴風，根據查證，颱風一詞來自中國廣東話大風，而逐漸通用於遠東各地，諸如日本、中國及菲律賓等地；美國及歐洲稱颱風為颶風（Hurricane）；澳洲稱颱風為大旋風（Willy-willy），而印度稱颱風為氣旋（Cyclone）。

　　台灣位於颱風路徑的中途，從五月到十一月是台灣的颱風季節，在颱風季節許多颱風襲擊台灣，或路經台灣近海，根據西元1897～1960年的統計，過去台灣約有7000人死於颱風災害，財產損失統計無法計算，所以對颱風研究的重要性，不僅限於氣象人員，對一般人民亦非常重要。

　　在本書中我們討論了颱風的形成與結構，颱風的季節與路徑，颱風前的徵兆、颱風的分類、颱風命名的演進、颱風的災害、颱風預報技術的演進等。

　　其中一些颱風重要的統計資料，係參考原台灣省氣象

所的統計資料以及現在中央氣象局的颱風資料庫（Typhoon Data Base）1961～2016的統計資料，關於颱風災害的統計資料，除前台灣省氣象所及中央氣象局的統計資料外，本書並參考了網路上維基百科對台灣災難的列表、內政部消防署颱風及災難分析，以及朱愛群教授所著危機管理解讀災難的謎咒，在此慎重地對這些作者及統計人員提出感謝與敬佩，沒有這些參考資料，本書是無法圓滿完成的。

　　因本書限於篇幅，對歷年形成的颱風，無法個別加以討論，對造成重大災害以及特殊路徑的颱風，則略加敘述，但因個人所具有的資料與智慧能力並不充豐，如本書能提醒學者專家，根據過去的天氣圖、衛星雲圖等找出這些特殊颱風發生的原因，亦許未來對颱風的預測會更有幫助。

　　台灣的地理位置，對太平洋發生的颱風，對中國大陸來講，有如設在前哨的哨兵和擋箭盾牌，很多颱風在侵襲台灣後，登陸福建浙江沿海地區而減弱消失，最北可達江蘇沿海地區，所以對颱風的研究在中國大陸東南沿海地區也十分重要，而且近年來中國大陸來台灣觀光旅行的人數不斷增加，閱讀本書了解颱風，在旅遊時，預防颱風災害的發生，亦顯得非常重要。

# 第一章
# 颱風的形成

## 一、對流說（Convectional Hypothesis）

　　颱風經常發生於北太平洋赤道無風帶，從北緯5°到北緯15°，但甚少發生於赤道區域或靠近赤道區域，因為緯度5度以下不存在地球自轉偏向力，氣象科學界有很多颱風形成理論，已充分讓人了解。

　　「對流說」是最古老的學說，由氣象科學家於十八世紀後段導演出來，赤道無風帶是世界上最熱的地區，在此區域太陽光線直射，當大氣在海洋上受到陽光直射的極端熱力後，它會膨脹而向高空升展，而高緯度的冷空氣會流入赤道無風帶，而與熱帶極端濕熱的空氣相遇，這兩種氣團相遇的結果常會形成不穩定，及由於暖濕空氣凝結而形成潛能釋放，因之初步形成颱風，當颱風因發展而增強時，在暴風中

心上昇的暖濕空氣不斷的供應潛熱，將使颱風獲得動能。

## 二、鋒面說（Frontal Hypothesis）

根據行星風系統方向，東北貿易風在北半球北緯30度與赤道之間盛行，而東南方向的貿易風在南半球的同一緯度吹刮，此二種貿易風在赤道相遇，而所謂的赤道靜風區在它們之間發生，當北半球夏天的時候，南半球為冬天，由於子午線在南北緯度間循環移動，赤道靜風區在夏季被推至其最北，即北太平洋颱風發生最頻繁的季節，亦就是海洋上溫度最高的季節。

當南半球空氣越過赤道進入北半球時，東南向的貿易風改變它的方向為西南風，這是由於受到地球自轉偏向力，以及亞洲東部夏天西南季風的影響，在兩個貿易風的相交處會產生熱帶鋒面，亦稱為赤道鋒面，這表示雙方空氣的密度不同，亦就是南半球跨越赤道的空氣，既然是來自冬季的南半球，自然與北半球夏季的暖空氣性質上不同，由於兩個氣團性質的差異，熱帶鋒面就會產生騷動，換言之，兩個相反的貿易風會在熱帶鋒面上聚集，而把聚集的空氣推向高空，因

之海洋上即產生了低壓區，颱風前奏環境即告形成。

　　當颱風形成時，暖濕的海洋空氣從各方匯集，而且上昇至高空，颱風中心的氣壓不斷下降，由於地球自轉偏向力的關係，風向偏右而成氣旋型態，當上昇氣流在高空冷卻時，水氣蒸發所產生的潛熱（熱凝結）將被釋放，諸如所知熱凝結作用是使颱風形成的能量。

　　「鋒面說」；是由Mr. C.E. Deppermann所創，此外尚有許多其他學說，諸如「斜壓說（Baroclinic Hypothesis）」、「動力不穩定說（Dynamically Unstable Hypothesis）」以及我們在本文第一章第一節裡所討論的「對流說（Convectional Hypothesis）」，在這些學說中，很多人認為「鋒面說（Frontal Hypothesis）」最好，因為它證實颱風的形成是有如極地或極鋒上氣旋的波動，既然氣旋波動在副熱帶氣旋形成上為多數氣象科學家所承認，所以「鋒面說」的颱風形成理論當無問題，但是很多颱風，除到達高緯度變為氣旋外，皆無鋒面，因之有很多氣象學者對颱風是不是存在副熱帶鋒面，仍採取懷疑立場，很多時候南半球及北半球空氣相交處，會被一道寬廣的靜風帶所填充，所以氣流直接互相交流亦有可能，因之颱風形成，「鋒面說」仍需較多的赤道區域海平面

及高空氣象資料來支持副熱帶鋒面的存在。

　　筆者認為，當南北兩半球的貿易風在北緯5度至15度交匯時，由於北半球5至11月份，尤其是7、8月份的海面溫度甚高，所以兩個氣團很快直接融合，故不可能像高緯度冷熱氣團因融和較慢，在鋒面上產生氣旋，而且由於颱風區的等壓線很密，風力很強，空氣融合與中和很快，不可能產生極鋒，所以南北兩半球貿易風交會說，再加上「對流說」，應為颱風形成的真正原因，因之「對流說」應加上南北兩半球貿易風交會說，來完整它的學說基礎，而南北兩半球貿易風交匯說，應刪除「鋒面說」而加上「對流說」，才能與現實相符，故南北兩半球貿易風交匯說，加上「對流說」是颱風形成比較可靠的理論，我們不妨將之稱為Trade Wind of Southern and Northern Hemisphere Interaction Hypothesis plus Convectional Hypothesis較完全採用鋒面說Frontal Hypothesis為合理。

# 第二章
# 颱風的結構

## 一、颱風的範圍　氣壓與風速

　　颱風的大小範圍，其直徑的大小，約在200哩（320公里）至800哩（1280公里）之間，在颱風中心附近由於快速的上昇氣流，颱風中心的氣壓可降至960百帕（hPa）以下，1953年7月2日Kate颱風侵襲台灣時，在臺灣曾記錄到颱風中心氣壓為910 hPa（682.6 mm-Hg），而世界上颱風中心的最低氣壓的紀錄是1927年8月18日，886.6 hPa（665 mm-Hg）發生在菲律賓呂宋，而根據中央氣象局最近的統計資料，1979年10月12日狄普（Tip）颱風時，曾在北緯16.17 N，東經137.7E測得870百帕（hPa）的最低氣壓，從颱風外圍到颱風中心氣壓下降約在0.5吋（inch）到2吋（17～68hPa）之間，一個直徑300哩（480公里）的颱風，氣壓下降的歷程

為150哩（240公里），颱風在240公里範圍內氣壓下降17百帕（hPa），被認為是一個大型颱風，陡峭的等壓線，表示高速而具有破壞性的風速，在颱風中心的氣壓顯示該颱風的強度，在北半球熱帶氣旋風向旋轉吹向颱風中心，通常是逆時鐘方向，由於陡峭的等壓線，使風速繼續不斷增強，由於風速不斷增強及地球自動偏向力的關係，風速越來越具破壞力，而且在天氣圖上，根據等壓線，一個假定的路線可以標示出來，在1955年8月23日，颱風期間，蘭嶼曾紀錄到台灣最強的風速78.3 M/S（每秒公尺）（156.6浬／時），中央氣象局最近的颱風統計資料顯示，1984年7月3日颱風亞力士期間，蘭嶼曾紀錄到最大陣風89.8M/S的最高紀錄，在颱風中愈近中心風速愈強，在一個成熟的颱風中，其強風圈約在35哩（55公里）左右，它的風速約在32M/S（63浬／時）左右，從颱風中心到150哩至200哩（240公里到320公里），颱風的風速下降到14M/S（27KTS），在颱風中，離颱風中心愈遠風速愈小。

## 二、颱風眼與颱風中心的雲系

　　所有的颱風具有一個靜風中心，稱作颱風眼，它的直徑約為10～20哩（16～32公里），經颱風主要部分破壞性的強風後，輕風或靜風在晴朗的天空下真是一個引人注目的光景，在颱風眼中，氣壓下降至最低點，而氣溫常常是比颱風主要部分為高，颱風眼為何形成，一般認為是颱風中心的下降氣流快速旋轉的空氣，由於離心力的關係，不能進入颱風中心，這亦許是颱風眼形成的另外一個理由。

　　由於在颱風中心週圍的上昇氣流，濕熱的海洋空氣上昇後成雲，在颱風外圍這些雲由卷雲（Cirrus）而變為卷層雲（Cirrostratus）、高層雲（Altostratus）、雨層雲（Nimbostratus）以至於積雨雲（Cumulonimbus），垂直的上昇氣流聚集到颱風中心週圍，除上昇氣流外，在颱風中心有下降氣流，這就是如前節所述颱風中心天氣晴朗的原因，濃黑的積雨雲環繞著靜風中心被稱為颱風眼牆（Eyewall），因為從遠處看它好像濃密的一堆黑雲。

## 三、颱風的降雨和4個象限

　　颱風降雨的特性是陣雨，陣雨灑下時有如瀑布，颱風雨區從中心往外約為100哩至150哩（160公里至240公里），因為在這一範圍內有強烈的上升氣流，降雨有時可達24小時46吋（1168.4mm），1934年7月19日的颱風，在高雄縣一個叫Kuwarith的山村，曾紀錄到最大降雨量24小時44.3吋（1127mm）。

　　沿颱風行進方向，颱風可以劃分為左右兩個半圈，而且可以進一步分為4個象限，右前象限、右後象限、左前象限、左後象限，右象限被稱為危險半圈，而左後象限據說是比較安全的，其實所有象限都是危險的，不過比較說，右象限要比左象限危險，因為颱風右半圈，原有氣流與颱風本身氣流方向大略相同，風速合流比較強大。左象限，兩者氣流近於相反，互相抵消，風速稍弱，例如一個颱風沿著顯示的路徑每小時以20哩的速度前進，它的平均風速是每小時120哩，在颱風的右半圈風速可達每小時140哩（miles），而它的左半圈風速只有100哩（miles），兩個半圈的差異可達每

小時40哩（miles），用左前象限與左後象限比較，左前象限較左後象限略為危險，故只有左後象限可稱為安全象限。

## 颱風的四個象限圖解

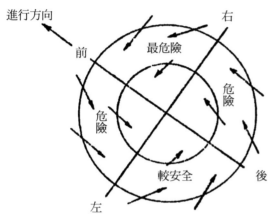

本圖取自蕭華與蒲金標航空氣象學

# 第三章
# 颱風的季節與路徑

## 一、颱風的季節

颱風發生於北太平洋的東南方，全年都會產生，但在冬季很少能轉變成颱風的強度。在夏季它經常發展成颱風的強度再進入高緯度，台灣位於颱風的路徑的中途，從每年5月到11月，稱為颱風季節，根據前臺灣省氣象所的統計，於1897至1960年64年間，有1269個颱風發生於北太平洋東南方，它的季節性分配如下：

表-1　1897～1960年北太平洋颱風發生的月統計數值與頻率
（參考前台灣省氣象所颱風的統計資料）

| 月份 | 次數 | 頻率 |
|---|---|---|
| 一 | 16 | 1.3 |
| 二 | 7 | 0.6 |
| 三 | 8 | 0.6 |
| 四 | 27 | 2.1 |
| 五 | 50 | 3.9 |
| 六 | 79 | 6.2 |
| 七 | 217 | 17.1 |
| 八 | 250 | 19.7 |
| 九 | 243 | 19.1 |
| 十 | 179 | 14.2 |
| 十一 | 129 | 10.2 |
| 十二 | 64 | 5 |
| 總計 | 1269 | 100 |

　　由表-1，我們可知每年的5月到12月，在北太平洋颱風發生的頻率較高，在8月份發生的頻率最高，為19.7%。在2月份及3月份颱風發生的頻率最低，為0.6%。這是根據1897～1960年，64年間在北太平洋東南部所產生1269個颱風的統計數字，其中有237個颱風侵襲台灣，其頻率為18.7%。

表-2　1961～2016年北太平洋颱風發生的月統計數值與頻率

| 月份 | 次數 | 頻率 |
|---|---|---|
| 一 | 25 | 1.69 |
| 二 | 12 | 0.81 |
| 三 | 21 | 1.42 |
| 四 | 38 | 2.57 |
| 五 | 63 | 4.26 |
| 六 | 100 | 6.77 |
| 七 | 223 | 15.09 |
| 八 | 308 | 20.84 |
| 九 | 287 | 19.42 |
| 十 | 211 | 14.28 |
| 十一 | 130 | 8.79 |
| 十二 | 60 | 4.06 |
| 總計 | 1478 | 100 |

　　本表-2為1961～2016年，56年間發生在北太平洋颱風的統計資料，資料來源係參考日本Digital Typhoon; Typhoon Images and Information National Institute；該機構對北太平洋發生的颱風統計從1951年開始，剛好與本書參考前台灣省氣象所的颱風統計資料1897～1960年間的統計資料可以相接，這樣本書總計收集到自1897至2016年，120年間發生在北太

平洋的颱風統計資料，或許對有興趣研究颱風的人，可作為參考資料，而中央氣象局的颱風資料庫，颱風列表是從1958年開始至2016年，而且該表對個別颱風發生的年份、編號、中文名稱、侵襲台灣的路徑分類、警報期間、颱風的強度、中心最低氣壓、最大風速、暴風半徑、警報發佈數據，皆有詳盡的統計資料，甚有價值，但為了研究北太平洋颱風發生的月統計數值，我們參考了日本Digital Typhoon; Typhoon Images and Information National Institute的Typhoon Database，因為它對颱風1951～2016年間發生颱風的日期有詳盡的記載，在年統計數值上，2000～2016年與中央氣象局的統計資料完全相同，但在1951～1999年間的年統計數值上，則與中央氣象局的統計資料略有不同，這可能是因為資料來源不同的關係，故我們對發生在北太平洋颱風月統計數值，採用了日本Digital Typhoon; Typhoon Images and Information National Institute的資料，而對侵襲台灣颱風的月統計數值，採取了中央氣象局颱風資料庫颱風警報期間的統計資料，這些統計資料對研究颱風的人們，甚有參考價值。

　　從表-1，1897～1960年64年間北太平洋颱風發生的統計資料與表-2，1961～2016年56年間北太平洋颱風發生的颱風

統計資料相互比較，雖然數字不同，但頻率甚為接近，每年5月到12月間颱風發生的頻率都在4%以上，而8月份最高，分別為19.7%及20.84%。

我們從表-1及表-2，北太平洋颱風發生的月統計數值與頻率（1897～1960與1961～2016）來考慮颱風發生的原因，每年5～6月，北太平洋南部氣溫逐漸升高，而於7～9月份達到最高，而這時日赤也逐漸北移，夏至達到最高，根據統計北太平洋海洋上每年8月份的氣溫最高，2月份最低，這證明颱風發生的原因，對流說與赤道鋒面貿易風說，較為正確且符合理論。

下列表-3與表-4是颱風侵襲台灣的季節性統計。

表-3　1897～1960年侵襲台灣颱風的月統計數值與頻率

| 月份 | 次數 | 頻率 | 一年中<br>最多次數 | 最多次數<br>發生年份 |
|---|---|---|---|---|
| 一 | | | | |
| 二 | | | | |
| 三 | | | | |
| 四 | 2 | 0.8 | 1 | 1956<br>1960 |
| 五 | 9 | 3.8 | 2 | 1906 |
| 六 | 16 | 6.8 | 2 | 1914 |
| 七 | 58 | 24.5 | 3 | 1904、1927<br>1940、1942 |
| 八 | 75 | 31.6 | 4 | 1903 |
| 九 | 53 | 22.4 | 3 | 1945<br>1956 |
| 十 | 18 | 7.6 | 2 | 1906<br>1918 |
| 十一 | 6 | 2.5 | 2 | 1952<br>1954 |
| 十二 | | | | |
| 總計 | 237 | 100 | 8 | 1914 |

　　從表-3顯示每年5月到11月侵台的颱風最多，只有2個例外情形，發生在1956年與1960年。1956年4月23日，颱風Thelma侵襲台灣南部與在1960年4月26日颱風Karen侵襲台灣東南沿岸，在過去64年間只有這兩個颱風，在4月份侵襲台灣。颱風侵台最頻繁的月份是每年的8月份，佔總數的31.6%、7月份24.5%、9月份22.4%，所以每年7月到9月是侵台颱風最高期，平均來說台灣可能每年受到3.7次的颱風侵襲（237÷64=3.7），但是在1914年就有8個颱風侵襲台灣，而於1951年則無任何颱風侵襲台灣，可以說是最平靜的一年。

　　我們從1897～1960年64年期間（表-3）和1961～2016年56年期間（表-4），侵襲台灣颱風的統計資料，可以獲得下列結論：

　　1. 每年7～9月份是颱風侵襲台灣的高頻率期

　　2. 每年5～6月、10月及11月是颱風侵襲台灣的次高頻率期

　　3. 每年4月及12月是颱風侵襲台灣的偶然發生期即偶發期

　　4. 每年1～3月份是台灣無颱風期

表-4　1961～2016年侵襲台灣颱風的月統計數值與頻率

| 月份 | 次數 | 頻率 | 一年中最多次數 | 最多次數發生年份 |
|---|---|---|---|---|
| 一 | | | | |
| 二 | | | | |
| 三 | | | | |
| 四 | 3 | 0.79 | 1 | 1967、1978<br>2003 |
| 五 | 17 | 4.5 | 2 | 1961、1962<br>1966、2006 |
| 六 | 31 | 8.2 | 3 | 1965 |
| 七 | 83 | 21.96 | 4 | 2001 |
| 八 | 106 | 28.04 | 5 | 1986 |
| 九 | 83 | 21.96 | 4 | 1966<br>1977 |
| 十 | 40 | 10.58 | 4 | 1988 |
| 十一 | 13 | 3.44 | 2 | 1976 |
| 十二 | 2 | 0.53 | 4 | 1964<br>2004 |
| 總計 | 378 | 100 | 14 | 1964 |

## 二、颱風的路徑

　　北太平洋的颱風通常發生於馬紹爾群島（Marshall），約東經170度附近，以及菲律賓附近，颱風形成後，可能有二個途徑進行，一個是向西進行；經菲律賓越過中國南海而於中南半島（Indochina Peninsula）消失，另一途徑是拋物線型；最初向西北西或西北進行到達北緯30度左右時轉向東北。

　　另一個形成颱風的地區是中國南海，這裡形成的颱風通常向西北移動到海南島附近，而在中南半島或中國東南沿海地區消失，但有時會向東北移動進入台灣海峽，大部分的颱風沒有在低緯度的陸地消失，大多轉向東北方向，沿著日本海岸吹向阿留申群島（Aleutians），此時它的結構變成溫帶氣旋而產生鋒面，通常一個完整的颱風路徑會形成一個巨大的拋物線型，一條腿在貿易風帶，而另一條腿在西風帶。

# 三、颱風侵襲台灣的路徑

颱風侵襲台灣或路經台灣附近200公里的海洋而且影響了台灣的天氣，稱為侵襲台灣的颱風，它們沒有顯著的季節循環，根據統計過去64年間1897～1960年，侵襲台灣台風的途徑可區分為下列七種：

1. 颱風通過台灣北部；包括蘇澳及彭佳嶼附近海面地區達64次，約27%。

2. 颱風通過台灣中部地區；包括蘇澳到台東地區，約28次，12%。

3. 颱風通過台灣南部地區；包括台東、蘭嶼海面地區76次，32%，這是過去64年間（1897～1960）在七種路徑中，侵襲台灣颱風頻率最高的路徑。

4. 颱風沿著台灣東部海岸轉向北方或東北方，約30次，13%。

5. 颱風沿台灣海峽向北到中國東海，約15次，6%。

6. 從中國南海向東北到達台灣東部沿海，約16次，7%。

7. 特殊路徑侵台的颱風，有些氣象科學家稱它們w型颱

風，約8次，3%。

這些特殊路徑的怪颱風，雖然侵台的頻率不高，但它們使氣象預報員經常不知所措，因為它們的方向經常改變，依下列兩個颱風為例：

1898年8月30日，颱風最初依一般西北方向吹向琉球群島（Ryukyu Island），它突然間在距台灣200哩的海面轉向西南方向，侵襲台灣北部後，轉向東北。

1923年9月12日，另一個颱風在彭佳嶼附近海面上，從原來向西北進行的方向轉向西南，然後轉向東南，而侵襲了台灣北部。

從表-5對侵襲台灣的颱風路徑將會提供我們一個清晰的概念：

表-5　西元1897～1960年侵襲台灣的颱風路徑

| 路徑 | 通過台灣北部 | 通過台灣中部 | 通過台灣南部 | 沿臺灣東岸 | 沿台灣海峽 | 從中國南海來 | 特殊路徑侵台 | 總計 |
|---|---|---|---|---|---|---|---|---|
| 次數 | 64 | 28 | 76 | 30 | 15 | 16 | 8 | 237 |
| 頻率 | 27 | 12 | 32 | 13 | 6 | 7 | 3 | 100 |

　　表-6補足1961～2015，55年間的最新統計，使本書具有119年期間的颱風統計資料，對氣象工作者對颱風的預報及民眾對颱風的了解或許更有幫助。

　　從上列表-5上分析，我們了解颱風有很高的頻率侵襲台灣南部，而在中國南海發生的颱風較少，只有7%，但所有颱風的路徑皆無法相同，在過去64年的資料中，我們沒有發現有2個颱風侵襲台灣的路徑是完全相同的，一般它們都是沿著副熱帶反氣旋（高壓）進行。

　　目前中央氣象局對侵襲台灣地區颱風路徑分為10類（表-6），據說是根據1911～2015年的統計資料，茲分析如下：

　　中央氣象局現在把影響台灣地區的颱風路徑分成10類如圖-6：

1. 第一類：通過台灣北部海面向西或西北進行者，占12.57%

2. 第二類：通過台灣北部向西或西北進行者，占13.37%

3. 第三類：通過台灣中部向西或西北進行者，占12.83%

4. 第四類：通過台灣南部向西或西北進行者，占9.36%

5. 第五類：通過台灣南部海面向西或西北進行者，占18.45%

6. 第六類：沿台灣東岸或東部海面北上者，占12.57%

7. 第七類：沿台灣西岸或台灣海峽北上者，占6.42%

8. 第八類：通過台灣南部海面向東或東北進行者，占3.48%

9. 第九類：通過台灣南部向東或東北進行者，占6.95%

10.其他類：無法歸於以上的特殊路徑，占4%

　　圖-6分類方法，較本書1962年初版更為詳盡值得參考，但本書參考當時的統計資料，我們認為颱風有很高的頻率侵襲台灣南部，而中央氣象局目前統的資料，則認為颱風侵襲台灣中部的頻率較侵襲台灣南部頻率為高，其比例為12.83%（中部），9.36%（南部），此點值得進一步驗證。

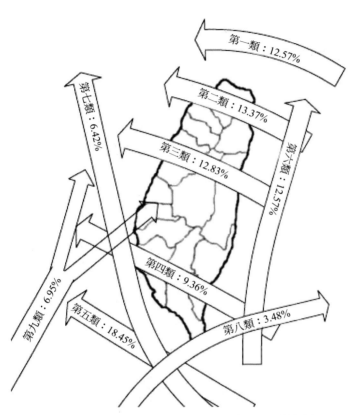

圖-6　西元1911～2015年影響台灣地區颱風路徑分類圖
（擷取自中央氣象局網站）

# 第四章
# 颱風前的徵兆

## 一、海洋情況

　　海上湧浪（Swell）是颱風接近的顯著象徵，在沿海地區，湧浪常出現在颱風侵襲的一、兩天前，它是一種長而低起伏的波浪，它的形成與方向與海上的一般波浪不同，它是由於附近海面的風影響所形成，諸如所知，在颱風區域強風在海上產生巨浪，當這些巨浪擴展出颱風範圍而不受颱風的影響時，它失去了它的波浪頂峰狀態，而變成長而低的起伏波，故稱為湧浪，湧浪的方向與颱風的來向相同，因此我們很容易推斷颱風的位置，在台灣東部沿岸在颱風侵襲前一、兩日，常常會發現湧浪，海嘯是颱風接近的另一種徵兆，它是由於湧浪接觸海岸而發生。

　　當湧浪臨近海岸陸地盛行的時候，它猛烈地衝擊海岸，

而如牛一般的呼嘯，居住於台灣東部沿海的人們，如花蓮、台東經常會遇到這種情況，但他們聽到海嘯的時候；他們了解到颱風二、三天會來到。

## 二、天氣徵兆

### 1.高空雲狀情形

我們已經在本書第二章談到在颱風中心到其外部會發現卷雲（Cirrus），在颱風接近時，卷雲經常形成長型波帶而由颱風中心放射出來，當颱風進一步接近的時候，卷雲會消失而變成卷層雲（Cirrostratus），在天空形成薄暮，而產生日暈或月暈，在這種情形下，在日出或日落的時候常出現特殊玫瑰色的光芒。

### 2.氣壓不斷的下降

一部精確的氣壓計是觀測颱風接近的良好工具，如果我們在氣壓計上發現它的變化出現超過一般正常日變化，我們必須注意是不是颱風的問題，當颱風接近的時候，氣壓最初會忽然升高，然後快速不斷的下降，這是由於在颱風區域等

壓線非常陡峭的關係，根據每小時氣壓下降速度，距颱風中心大約的距離可算出，根據經驗，氣壓下降與颱風中心距離的關係數值如表-7

表-7　氣壓下降與颱風中心距離相關數值

| 每小時氣壓下降數值（hPa） | 與颱風中心距離相關數值（km） |
|---|---|
| 0.70-2.00 | 400-240 |
| 2.00-2.70 | 240-160 |
| 2.70-4.10 | 160-130 |
| 4.10-5.40 | 130-80 |

由表-7可知離颱風中心越近，氣壓下降值越大。

## 3. 風向突變

當颱風接近的時候，風向經常會從正常的盛行方向突然改變方向，而且風速增強，這是由於在颱風周圍的風是在逆時針方向旋轉，而當颱風接近的時候，陣風越刮越強。

## 4. 良好的能見度

在夏季的時候，台灣為濕熱的海洋氣團所盤踞，濕熱的空氣含大量水蒸氣，因之能見度不佳，但是在颱風侵襲

的前一天，能見度突然變好，可達到50到100公里（30～60哩），這是由於颱風外圍下沉氣流造成，在颱風附近的空氣變作晴朗與透明。

# 第五章
# 颱風的分類

## 一、根據颱風發展的階段分類

### 1. 形成階段

　　從熱帶騷動（Disturbance）到發展為颱風強度的狀況，稱為形成階段，它約需一、兩週的時間，但有時於十二小時內突然變為颱風，此時最高風速在63浬／時（KTS）以下，海平面氣壓約在1000hPa，颱風的直徑約在60哩到100哩，它們大多數在熱帶海洋消失，而少數可進行到較高緯度副熱帶地區。

### 2. 半成熟階段

　　從形成階段到颱風中心氣壓降低至最低點時稱為颱風半成熟階段，颱風眼在此時形成，而颱風雲系也在此時開始形

成，並且陣雨伴隨著積雨雲（Cumulonimbus）開始傾盆而下，風速與颱風的範圍繼續增強。

## 3. 成熟階段

　　颱風從它的中心氣壓降到最低點，至發展到最強階段，被稱為颱風成熟階段，在此期間，它的強度與範圍發展到最大程度，而颱風中心的氣壓不再下降，最高風速不再增加，而強風與暴雨集中在它的右半圈，而颱風眼已完全形成，此種成熟期間的颱風，可能延續一周以上，台灣由於經緯度的關係，許多颱風在它的成熟階段侵襲台灣。

## 4. 衰落期

　　當颱風登上陸地以後，強度減弱，由向西或西北轉北至東北方向進行，最後轉變為溫帶氣旋，此時稱為颱風衰落期，這也就是當大多數颱風抵達日本北部時減弱消失的原因。所有的颱風無論在任何階段，一旦登陸，它的強度將會減弱，而且它的結構甚至會很快消失，這是由於陸地具有較大的摩擦力的關係，以及能供應水氣甚少的原因，陸地越陡峭，颱風消失的機會越大。因為許多颱風由熱帶轉向西風

帶，有一些颱風會轉變為溫帶氣旋，雖然在北緯50度附近曾觀測到颱風眼，但是當颱風進入西風帶時，大多數颱風會因極地冷空氣的入侵而破滅，總而言之，如果颱風不在低緯度消失時，阿留申群島（Aleutians）將是颱風最後的歸宿。

## 二、根據颱風的強度與範圍分類

為了容易分辨颱風的強度，氣象工作人員經常依下列方法作颱風分類：

1.C.E. Deppermann's 分類法（按 Mr.C.E. Deppermann 為菲律賓籍氣象學者）

（1）低氣壓（Low）；一個由逆時鐘方向旋轉的低壓區。

（2）熱帶低壓（Tropical Depression）；低壓區的氣壓下降至999.9百帕（hPa），但最大風速在34浬／時（KTS）以下。

（3）颱風（Typhoon）；低壓中心的氣壓下降至999.9百帕（hPa）以下，風速增強至35浬／時（KTS）以上，根據颱風中心附近的最大風速，颱風可進

一步分為下列三種：

（a）熱帶風暴（Tropical Storm）：颱風中心附近的最大風速增強到35浬／時（KTS）以上，但低於64KTS。

（b）颱風（Typhoon）：颱風中心附近最大風速在65浬／時（KTS）與95浬／時之間。

（c）強烈颱風（Severe Typhoon）：颱風中心附近最大風速達95浬／時（KTS）以上。

## 2. 美國氣象局的分類

（1）熱帶擾動（Tropical Disturbance）：在熱帶海洋上有一個風向逆時鐘的微弱氣旋。

（2）熱帶低壓（Tropical Depression）：在它的中心區附近最大風速在27KTS以下。

（3）熱帶風暴（Tropical Storm）：在熱帶風暴中心區附近最大風速在27浬／時（KTS）與63浬／時（KTS）之間。

（4）颶風（Hurricane）或稱颱風（Typhoon）：在颱風中心區附近最大風速達64浬／時（KTS）以上。

　　比較以上兩種對颱風的分類，很多人認為Mr. Deppermann的分類較美國氣象局的分類合理，因為美國氣象局以最大風速27浬／時（KTS）為熱帶風暴的起始點，與熱帶風暴的真實情況不符，Mr. Deppermannn以風速在35浬／時（KTS）作熱帶風暴的起始點，因風速在35浬／時（KTS），人們將很困難從事戶外活動，在1957年以前，前台灣省氣象所完全採用Mr. Deppermann的颱風分類方法，自1957年以後，台灣省氣象所為了避免人們對颱風與強烈颱風分辨不清，而對颱風的分類方法略加變更，當時台灣省氣象所的颱風分類方法如下：

## 3. 前台灣省氣象所對颱風的分類

> （1）熱帶低壓（Tropical Depression）：在颱風中心附近風速在34浬／時。
>
> （2）熱帶風暴（Tropical Storm）：在颱風中心附近風速在35浬／時（KTS）與64浬／時（KTS）之間。
>
> （3）颱風（Typhoon）：在颱風中心附近最大風速在65浬／時（KTS）以上。

除以上三種颱風分類方法外，當時台灣省氣象所尚有依

照颱風半徑長度的分類方法，依照該方法颱風可分為下列三種：

　　（a）大型颱風（Large Typhoon）：風速34KTS的半徑區域在200浬（Nautical Miles）以上。

　　（b）中度颱風（Medium Typhoon）：風速34KTS的半徑區域在100浬（Nautical Miles）至199浬之間。

　　（c）小型颱風（Small Typhoon）：風速34KTS的半徑區域在100浬（Nautical Miles）以下。

　　以上前台灣省氣象所的颱風分類方法，現在中央氣象局業已不再採用，寫出來僅供讀者參考，目前中央氣象局的颱風分類方法是依照颱風的強度分類，茲列表分述如下：

中央氣象局依颱風強度對颱風的分類[1]

| 颱風強度 | 近中心最大風速 | | | |
|---|---|---|---|---|
| | 每小時公里 | 每秒公尺 | 每時浬 | 相當風級 |
| 輕度颱風 | 62-117 | 17.2-32.6 | 34-68 | 8-11 |
| 中度颱風 | 118-183 | 32.7-50.9 | 64-99 | 12-15 |
| 強烈颱風 | 183以上 | 51.0以上 | 100以上 | 16以上 |

---

[1]　本表錄自中央氣象局氣象宣導合輯

# 第六章

# 颱風命名的演進

## 一、1947年關島美國空軍第2147氣象中隊對颱風 開始命名[1]

颱風原來並無名字，1947年在關島的安德森空軍基地（Anderson Air Base）的美國空軍第2147氣象中隊（Weather Squadron），開始對颱風命名，以區別每年在太平洋所產生的眾多颱風，自此以後，世界各地的氣象單位都逐漸地使用，同時該中隊製訂了對颱風命名的原則：

　　1. 發生在北半球東經180度以西的颱風，使用女性的名字，從A字頭開始至R，除去Q。

---

[1] 另為一種說法是，1947 年關島的美國空軍聯合颱風警告中心（U.S.Joint Typhoon Warning Center. JTWC）開始對颱風命名，也許它與美國空軍第 2147 中隊是同一個單位，需要求證。

2. 發生在北半球東經180度以東的颱風，亦使用女性名字，從S、T、V、W字頭開始。

3. 發生在南半球的颱風，使用男性的名字從A開頭至W。

為了避免混淆，該中隊對發生於北半球的颱風，曾訂出了84個女性的名字，如表-8。

## 二、1976-1996颱風命名的修正

1. 1979年颱風命名略加修正，在北半球颱風的命名，女性名字與男性名字交互使用。

2. 1990年對表-8原美軍所列的84個名字，每組增加二個名字，共增加8個名字，總數成為92個颱風名字。

3. 1996年對颱風命名加上4位阿拉伯數字，前二位阿拉伯數字代表年，而後二位阿拉伯數字代表颱風的次數，例如颱風9608 Herb，意即Herb颱風發生於1996年第8個颱風。

表-8 1947年美國空軍第2147氣象中隊對北半球颱風名字的分類[2]

The Name of Typhoon used in the North Hemisphere

| Section 1 | Section 2 | Section 3 | Section 4 |
|---|---|---|---|
| Alice | Anita | Amy | Agnes |
| Betty | Belle | Bass | Bess |
| Cora | Clara | Charlotte | Carmen |
| Doris | Dot | Dinah | Della |
| Elsie | Ellen | Emma | Elaine |
| Flossic | Fran | Freda | Faye |
| Grace | Georgia | Gilda | Gloria |
| Helen | Hope | Harriet | Hester |
| Ida | Iris | Ivy | Irma |
| Jone | Joan | Jean | Judy |
| Kathy | Kate | Karen | Kit |
| Lorna | Louise | Lola | Lucille |
| Marie | Marge | Mary | Mamie |
| Nancy | Nora | Nadine | Naomi |
| Olga | Opal | Olive | Ophelia |
| Pamela | Patsy | Potty | Phyllis |
| Ruby | Ruth | Ross | Rita |
| Sally | Sarah | Shirley | Susan |
| Tilda | Thelma | Trix | Tess |
| Violet | Vera | Virginia | Viola |
| Wilda | Wanda | Wendy | Winnie |

---

[2] 該中隊（或中心）所規定發生在南半球颱風的男性名字，因與北半球無關，本書未收集到。

# 三、2000年日本東京區域專門氣象中心（Regional Specialized Metrological Center）對颱風的命名

　　該中心對颱風的名字係由十四個颱風委員會會員所提供，而此十四個颱風委員會會員係來自14個不同的國家和地區，名字包括動物、星象、地名、人名、神話人物及珠寶等。

　　事實上，這140個颱風新名字是1998年世界氣象組織在馬尼拉舉行的第31次颱風委員會所決定，用新的140個颱風的名字取代舊的颱風命名，每個會員國或地區提供10個颱風名字由2000年1月1日施行。

　　這14個不同國家或區域的颱風委員會會員為：

（1）柬埔寨（Cambodia）　　（2）中國（China）

（3）北韓（North Korea）　　（4）香港（Hong Kong）

（5）日本（Japan）　　（6）寮國（Laos）

（7）澳門（Macau）　　（8）馬來西亞（Malaysia）

（9）密克羅尼亞（Micronesia）（10）菲律賓（Philippines）

（11）南韓（South Korea）　　（12）泰國（Thailand）

（13）美國（U.S.）　　（14）越南（Vietnam）

　　茲進一步將該中心所規定的颱風名字列表，如表9-1及表9-2。該中心對颱風的命名具有二份表；表9-1為各國或地區會員所建議的颱風名字，表9-2為各會員國或地區對颱風名字的解釋，因該中心所規定的這140個颱風名字非常複雜，使用起來恐怕問題重重，否則何須解釋。

表9-1　日本東京區域專門氣象中心對颱風的命名（2014年5月1日生效）

Tab.9-1:The tropical cyclone name in the Western North Pacific and South China Sea (Effective May 1, 2014)

| Contributed by | Group 1 | Group 2 | Group 3 | Group 4 | Group 5 |
|---|---|---|---|---|---|
| Cambodia | Damrey | Kong-rey | Nakri | Krovanh | Sarika |
| Mainland China | Haikui | Yutu | Fengshen | Dujuan | Haima |
| North Korea | Kirogi | Toraji | Kalmaegi | Mujigae | Meari |
| Hong Kong | Kai-tak | Man-yi | Fung-Wong | Choi-wan | Ma-on |
| Japan | Tembin | Usagi | Kammuri | Koppu | Tokage |
| Laos | Bolaven | Pabuk | Phanfone | Champi | Nock-ten |
| Macau | Sanba | Wutip | Vongfong | In-Fa | Muifa |
| Malaysia | Jelawat | Sepat | Nuri | Melor | Merbok |
| Micronesia | Ewiniar | Fitow | Sinlaku | Nepartak | Nanmadol |
| Philippines | Maliksi | Danas | Hagupit | Lupit | Talas |
| South Korea | Gaemi | Nari | Jangmi | Mirinae | Noru |
| Thailand | Prapiroon | Wipha | Mekkhala | Nida | Kulap |
| US | Maria | Francisco | Higos | Omais | Roke |
| Vietnam | Son Tinh | Lekima | Bavi | Conson | Sonca |

表9-1續

| Contributed by | Group 1 | Group 2 | Group 3 | Group 4 | Group 5 |
|---|---|---|---|---|---|
| Cambodia | Ampil | Krosa | Maysak | Chanthu | Nesat |
| Mainland China | Wukong | Bailu | Haishen | Dianmu | Haitang |
| North Korea | Sonamu | Podul | Noul | Mindulle | Nalgae |
| Hong Kong | Shanshan | Lingling | Dolphin | Lionrock | Banyan |
| Japan | Yagi | Kajiki | Kujira | Kompasu | Hato |
| Laos | Leepi | Faxai | Chan-hom | Namtheun | Pakhar |
| Macau | Bebinca | Peipah | Linfa | Malou | Sanvu |
| Malaysia | Rumbia | Tapah | Nangka | Meranti | Mawar |
| Micronesia | Soulik | Mitag | Soudelor | Rai | Guchol |
| Philippines | Cimaron | Hagibis | Molave | Malakas | Talim |
| South Korea | Jebi | Neoguri | Goni | Megi | Doksuri |
| Thailand | Mangkhut | Rammasun | Atsani | Chaba | Khanun |
| US | Barijat | Matmu | Etau | Aere | Lan |
| Vietnam | Trami | Halong | Vamco | Songda | Saola |

表9-2　為各會員國或地區對颱風名字的解釋

Tab.9-2:The meaning of tropical cyclone names in the western North Pacific and South China Sea (Effective 2014)

| Contributed by | Group 1 | Group 2 | Group 3 | Group 4 | Group 5 |
|---|---|---|---|---|---|
| Cambodia | Damrey Elephant | Kong-rey Female Name | Nakri Flower Name | Krovanh Tree Name | Sarika Bird Name |
| Mainland China | Haikui Sea Anemone | Yutu Rabbit | Fengshen God of Wind | Dujuan Flower Name | Haima Seahorse |
| North Korea | Kirogi Migratory Bird | Toraji Flower Name | Kalmaegi Seagull | Mujigae Rainbow | Meari Echo |
| Hong Kong | Kai-tak Airport Name | Man-yi Reservoir Name | Fung-Wong Bird Name | Choi-wan Colorful Cloud | Ma-on Mountain Name |
| Japan | Tembin Libra | Usagi Lepus | Kammuri Coronae Borealis | Koppu Crater | Tokage Lacerta |
| Laos | Bolaven Plateau | Pabuk Freshwater Fish | Phanfone Animal | Champi Red Jasmine Flower | Nock-ten Bird |
| Macau | Sanba Location Name | Wutip Butterfly | Vongfong Wasp | In-Fa Fireworks | Muifa Plum Blossom |
| Malaysia | Jelawat Carp | Sepat Freshwater Fish | Nuri Parrot | Melor Jasmine | Merbok Turtledove |
| Micronesia | Ewiniar God of Storm | Fitow Flower Name | Sinlaku Goddess Name | Nepartak Warrior Name | Nanmadol A Famous Ruin |
| Philippines | Maliksi Speed | Danas Experience | Hagupit Lash | Lupit Cruelty | Talas Shapness |
| South Korea | Gaemi Ant | Nari Lily | Jangmi Rose | Mirinae Galaxy | Noru Deer |
| Thailand | Prapiroon God of Rain | Wipha Female Name | Mekkhala God of Thunder | Nida Female Name | Kulap Rose |
| US | Maria Female Name | Francisco Male Name | Higos Fig | Omais Wander | Roke Male Name |
| Vietnam | Son Tinh God of Mountain | Lekima Tree Name | Bavi Mountain Name | Conson Scenic Area Name | Sonca Bird Name |

表9-2續

| Contributed by | Group 1 | Group 2 | Group 3 | Group 4 | Group 5 |
|---|---|---|---|---|---|
| Cambodia | Ampil<br>Fruit Name | Krosa<br>Crane | Maysak<br>Tree Name | Chanthu<br>Flower Name | Nesat<br>Fisherman |
| Mainland China | Wukong<br>Monkey King | Bailu<br>White Deer | Haishen<br>God of Sea | Dianmu<br>Goddess Name | Haitang<br>Chinese Flowering Crab Apple |
| North Korea | Sonamu<br>Pine Tree | Podul<br>Willow | Noul<br>Red Sunset | Mindulle<br>Dandelion | Nalgae<br>Wings |
| Hong Kong | Shanshan<br>Female Name | Lingling<br>Female Name | Dolphin<br>Dolphin | Lionrock<br>Mountain Name | Banyan<br>Banyan Tree |
| Japan | Yagi<br>Capricorns | Kajiki<br>Dorado | Kujira<br>Cetus | Kompasu<br>Circinus | Washi<br>Aquila |
| Laos | Leepi<br>Waterfall Name | Faxai<br>Female Name | Chan-hom<br>Tree Name | Namtheun<br>River | Pakhar<br>Fish Name |
| Macau | Bebinca<br>Milk Pudding | Peipah<br>Pet Fish | Linfa<br>Lotus | Malou<br>Agate | Sanvu<br>Coral |
| Malaysia | Rumbia<br>Palm Tree | Tapah<br>Catfish | Nangka<br>Jackfruit | Meranti<br>Tree Name | Mawar<br>Rose |
| Micronesia | Soulik<br>Chief's Title | Mitag<br>Female Name | Soudelor<br>Famous Pohnpei Chief | Rai<br>Stone Money of Yaop | Guchol<br>Turmeric |
| Philippines | Cimaron<br>Wild Bull | Hagibis<br>Swiftness | Molave<br>Hard Wood | Malakas<br>Forcefulness | Talim<br>Blade |
| South Korea | Jebi<br>Swallow | Neoguri<br>Raccon doy | Goni<br>Swan | Megi<br>Catfish | Doksuri<br>Raptor, Eagle |
| Thiland | Mangkhut<br>Fruit Name | Rammasun<br>God of Thunder | Astani<br>Lightening | Chaba<br>Tropicl flower | Khanun<br>Fruit Name |
| U.S. | Barijat<br>Marshallese for.... | Matmo<br>Heavy Rain | Etau<br>Storm Cloud | Aere<br>Storm | Lan<br>Marshallese for storm |
| Vietnan | Trami<br>Tree's name | Halong<br>Bay's name | Vamco<br>River's name | Songda<br>River's name | Saola<br>Animal's name |

# 四、中央氣象局對颱風命名的方法

　　中央氣象局為了因應世界氣象組織對西北太平洋及南海地區颱風命名的變革，自公元2000年（民國89年）1月1日起，採用世界氣象組織前一節所述新的對颱風命名方法，並經遵照民意，對颱風消息的報導以颱風編號為主，國際對颱風的命名為輔，中央氣象局並將前節所述世界氣象組織14個颱風委員所達成颱風的名字，翻譯成中文，列表如下；於2015年5月1日開始施行。

1. 表10-1，西北太平洋及南海颱風中文譯名對照表（2015年5月1日生效）。

2. 表10-2，2015年西北太平洋及南海颱風國際命名，及原文涵義對照表。

表10-1　西北太平洋及南海颱風中文譯名對照表（2015年5月1日生效）

| 來源 | 第1組 | 第2組 | 第3組 | 第4組 | 第5組 |
|---|---|---|---|---|---|
| 柬埔寨 | 丹瑞<br>Damrey | 康芮<br>Kong-rey | 娜克莉<br>Nakri | 科羅旺<br>Krovanh | 莎莉佳<br>Sarika |
| 中國大陸 | 海葵<br>Haikui | 玉兔<br>Yutu | 風神<br>Fengshen | 杜鵑<br>Dujuan | 海馬<br>Haima |
| 北韓 | 鴻雁<br>Kirogi | 桔梗<br>Toraji | 海鷗<br>Kalmaegi | 彩虹<br>Mujigae | 米雷<br>Meari |
| 香港 | 啓德<br>Kai-tak | 萬宜<br>Man-yi | 鳳凰<br>Fung-Wong | 彩雲<br>Choi-wan | 馬鞍<br>Ma-on |
| 日本 | 天秤<br>Tembin | 天兔<br>Usagi | 北冕<br>Kammuri | 巨爵<br>Koppu | 蝎虎<br>Tokage |
| 寮國 | 布拉萬<br>Bolaven | 帕布<br>Pabuk | 巴逢<br>Phanfone | 薔琵<br>Champi | 納坦<br>Nock-ten |
| 澳門 | 三巴<br>Sanba | 蝴蝶<br>Wutip | 黃蜂<br>Vongfong | 煙花<br>In-Fa | 梅花<br>Muifa |
| 馬來西亞 | 鯉魚<br>Jelawat | 聖帕<br>Sepat | 鸚鵡<br>Nuri | 茉莉<br>Melor | 莫柏<br>Merbok |
| 米克羅尼西亞 | 艾維尼<br>Ewiniar | 木恩<br>Fitow | 辛樂克<br>Sinlaku | 尼伯特<br>Nepartak | 南瑪都<br>Nanmadol |
| 菲律賓 | 馬力斯<br>Maliksi | 丹娜絲<br>Danas | 哈格比<br>Hagupit | 盧碧<br>Lupit | 塔拉斯<br>Talas |
| 南韓 | 凱米<br>Gaemi | 百合<br>Nari | 薔蜜<br>Jangmi | 銀河<br>Mirinae | 諾盧<br>Noru |
| 泰國 | 巴比侖<br>Prapiroon | 薇帕<br>Wipha | 米克拉<br>Mekkhala | 妮坦<br>Nida | 庫拉<br>Kulap |
| 美國 | 瑪麗亞<br>Maria | 范斯高<br>Francisco | 無花果<br>Higos | 奧麥斯<br>Omais | 洛克<br>Roke |
| 越南 | 山神<br>Son Tinh | 利奇馬<br>Lekima | 巴威<br>Bavi | 康森<br>Conson | 桑卡<br>Sonca |

表10-1續

| 來源 | 第1組 | 第2組 | 第3組 | 第4組 | 第5組 |
|---|---|---|---|---|---|
| 柬埔寨 | 安比 Ampil | 柯羅莎 Krosa | 梅莎 Maysak | 璨樹 Chanthu | 尼莎 Nesat |
| 中國大陸 | 悟空 Wukong | 白鹿 Bailu | 海神 Haishen | 電母 Dianmu | 海棠 Haitang |
| 北韓 | 雲雀 Sonamu | 楊柳 Podul | 紅霞 Noul | 蒲公英 Mindulle | 奈格 Nalgae |
| 香港 | 珊珊 Shanshan | 玲玲 Lingling | 白海豚 Dolphin | 獅子山 Lionrock | 榕樹 Banyan |
| 日本 | 魔羯 Yagi | 劍魚 Kajiki | 鯨魚 Kujira | 圓規 Kompasu | 天鴿 Hato |
| 寮國 | 麗琶 Leepi | 法西 Faxai | 昌鴻 Chan-hom | 南修 Namtheun | 帕卡 Pakhar |
| 澳門 | 貝碧佳 Bebinca | 琵琶 Peipah | 蓮花 Linfa | 瑪瑙 Malou | 珊瑚 Sanvu |
| 馬來西亞 | 棕櫚 Rumbia | 塔巴 Tapah | 南卡 Nangka | 莫蘭蒂 Meranti | 瑪娃 Mawar |
| 米克羅尼西亞 | 蘇力 Soulik | 米塔 Mitag | 蘇迪勒 Soudelor | 雷伊 Rai | 谷超 Guchol |
| 菲律賓 | 西馬隆 Cimaron | 哈吉貝 Hagibis | 莫拉菲 Molave | 馬勒卡 Malakas | 泰利 Talim |
| 南韓 | 燕子 Jebi | 浣熊 Neoguri | 天鵝 Goni | 梅姬 Megi | 杜蘇芮 Doksuri |
| 泰國 | 山竹 Mangkhut | 雷馬遜 Rammasun | 閃電 Atsani | 芙蓉 Chaba | 卡努 Khanun |
| 美國 | 百里嘉 Barijat | 麥德母 Matmo | 艾陶 Etau | 艾利 Aere | 蘭恩 Lan |
| 越南 | 潭美 Trami | 哈隆 Halong | 梵高 Vamco | 桑達 Songda | 蘇拉 Saola |

表10-2　2015年西北太平洋及南海颱風國際命名及原文涵意對照表

| 來源 | 第1組 | 第2組 | 第3組 | 第4組 | 第5組 |
|---|---|---|---|---|---|
| 柬埔寨 | Damrey 象 | Kong-rey 女子名 | Nakri 花名 | Krovanh 樹銘 | Sarika 鳥名 |
| 中國大陸 | Haikui 海葵 | Yutu 兔子 (玉兔) | Fengshen 風神 | Dujuan 花名 (杜鵑) | Haima 海馬 |
| 北韓 | Kirogi 候鳥 | Toraji 花名 | Kalmaegi 海鷗 | Mujigae 彩虹 | Meari 回音 |
| 香港 | Kai-tak 機場名 | Man-yi 水庫名 | Fung-Wong 鳥名 | Choi-wan 建築物名 | Ma-on 山名 |
| 日本 | Tembin 天秤座 | Usagi 天兔座 | Kammuri 北冕座 | Koppu 巨爵座 | Tokage 蝎虎座 |
| 寮國 | Bolaven 高原 | Pabuk 淡水魚 | Phanfone 動物 | Champi 花名 | Nock-ten 鳥 |
| 澳門 | Sanba 地方名 | Wutip 蝴蝶 | Vongfong 黃蜂 | In-Fa 煙火 | Muifa 花名 |
| 馬來西亞 | Jelawat 鯉魚 | Sepat 淡水魚 | Nuri 鸚鵡 | Melor 茉莉 | Merbok 鳩類 |
| 米克羅尼西亞 | Ewiniar 暴風雨神 | Mun 六月 | Sinlaku 女神名 | Nepartak 戰士名 | Nanmadol 著名廢墟 |
| 菲律賓 | Maliksi 快速 | Danas 經驗 | Hagupit 鞭撻 | Lupit 殘暴 | Talas 銳利 |
| 南韓 | Gaemi 螞蟻 | Nari 百合 | Jangmi 薔薇 | Mirinae 銀河 | Noru 鹿 |
| 泰國 | Prapiroon 雨神 | Wipha 女子名 | Mekkhala 雷神 | Nida 女子名 | Kulap 玫瑰 |
| 美國 | Maria 女子名 | Francisco 男子名 | Higos 無花果 | Omais 漫遊 | Roke 男子名 |
| 越南 | Son Tinh 山神 | Lekima 樹名 | Bavi 山脈名 | Conson 風景區名 | Sonca 鳥名 |

表10-2續

| 來源 | 第1組 | 第2組 | 第3組 | 第4組 | 第5組 |
|---|---|---|---|---|---|
| 柬埔寨 | Ampil<br>水果名 | Krosa<br>鶴 | Maysak<br>樹名 | Chanthu<br>花名 | Nesat<br>漁民 |
| 中國大陸 | Wukong<br>美猴王 | Bailu<br>白色的鹿 | Haishen<br>海神 | Dianmu<br>女神名 | Haitang<br>海棠 |
| 北韓 | Jongdari<br>雲雀 | Podul<br>柳樹 | Noul<br>紅霞 | Mindulle<br>蒲公英 | Nalgae<br>翅膀 |
| 香港 | Shanshan<br>女子名 | Lingling<br>女子名 | Dolphin<br>白海豚 | Lionrock<br>獅子山 | Banyan<br>榕樹 |
| 日本 | Yagi<br>摩羯座 | Kajiki<br>劍魚座 | Kujira<br>鯨魚座 | Kompasu<br>圓規座 | Washi<br>天鷹座 |
| 寮國 | Leepi<br>瀑布名 | Faxai<br>女子名 | Chan-hom<br>樹名 | Namtheun<br>河流 | Pakhar<br>淡水魚名 |
| 澳門 | Bebinca<br>牛奶布丁 | Peipah<br>寵物魚 | Linfa<br>花名 | Malou<br>珠寶 | Sanvu<br>珠寶 |
| 馬來西亞 | Rumbia<br>棕櫚樹 | Tapah<br>鯰魚 | Nangka<br>波羅蜜 | Meranti<br>樹名 | Mawar<br>玫瑰 |
| 米克羅尼西亞 | Soulik<br>酋長頭銜 | Mitag<br>女子名 | Soudelor<br>著名酋長 | Rai<br>石頭貨幣 | Guchol<br>香料名 |
| 菲律賓 | Cimaron<br>野牛 | Hagibis<br>迅速 | Molave<br>硬木 | Malakas<br>強壯有力 | Talim<br>刀刃 |
| 南韓 | Jebi<br>燕子 | Neoguri<br>浣熊 | Goni<br>天鵝 | Megi<br>鯰魚 | Doksuri<br>猛禽 |
| 泰國 | Mangkhut<br>山竹果 | Rammasun<br>雷神 | Astani<br>閃電 | Chaba<br>芙蓉花 | Khanun<br>波羅蜜 |
| 美國 | Barijat<br>沿海地區受<br>風浪影響 | Matmo<br>大雨 | Etau<br>風暴雲 | Aere<br>風暴 | Lan<br>風暴 |
| 越南 | Trami<br>薔薇 | Halong<br>風景區名 | Vamco<br>河流 | Songda<br>紅河支流 | Saola<br>動物名 |

# 第七章
# 颱風的災害

## 一、強風造成的災害

　　颱風引起極強風速，陣風風速經常達到100浬／時（KTS）以上，根據航海人的經驗，風速在每小時64浬時，海浪將升高45呎，在颱風期間颱風區域的海浪，經常高達60呎，因之即使是萬噸級的船隻，在怒海中亦可能被吹翻，換言之，風壓與風速有非常密切的關係，風速越強，風壓越高，根據經驗，風速每秒20公尺（M/S）或39浬／時（KTS），每平方公尺的風壓是50公斤（Kg），風速每秒30公尺或60浬／時，每平方公尺的風壓是110公斤，40每秒公尺或80KTS浬／時，每平方公尺的風壓是190公斤，當風速達到每秒50公尺或100浬／時時，風壓可高達每平方公尺300公斤，在此種風速下，即使是鋼筋水泥的建築物，有時

也會被吹倒，當風將東西吹到天空時，力量更加強大，1928年發生在波多黎各（Puerto Rico）的颱風中，一顆椰子樹被一塊吹在空中的板子刺穿，根據日本人Mr. K. Takahashi（高橋先生）的調查，在日本颱風對房屋損害與風速的立方成正比例，一般而言，風速在每秒10公尺時，將不會有災害，但颱風風速到達每秒15公尺時，災害將與風速成立方的增加，在臺灣最大風速紀錄是每秒78.3公尺，是在蘭嶼1955年8月23日的颱風，在過去64年間（1897～1960），颱風期中平均風速約為20到40秒公尺（39KTS～78KTS），當颱風到來時，房屋被吹壞、公共設施被損壞、農田遭到浩劫，但是比較來說，在颱風侵襲台灣的時候，洪水較強風所造成的災害更為嚴重。

## 二、洪水造成的災害

颱風所下的雨幾乎都是陣雨，陣雨降下大量的雨水而造成洪水，台灣在颱風侵襲期間雨量的分配與颱風進行的路徑很有關聯：

1. 當颱風侵襲台灣北部或通過基隆附近的北部海面時，

在中央山脈的西部（即台灣西部），較台灣東部具有較大的降雨量。

2. 當颱風通過台灣中部（腰部）時，中央山脈的西部及東北部，具有較大的降雨量，而台灣南部降雨量較小。

3. 當颱風侵襲台灣南部時，或通過呂宋海峽或台灣海峽時，中央山脈的南部及東南部較西北部具有更大的降雨量。

4. 當颱風在台灣東部沿海轉向他方時，中央山脈的西部較北部及南部各地具有較多的降雨量，而根據紀錄台灣西南部的降水量較少。

5. 一旦颱風侵襲台灣，在某些地區的總降雨量常常會超過500毫米（mm），1934年7月19日颱風侵襲台灣時其中高雄Kuwarith所記錄的最大降雨量是24小時1,127毫米（mm）。

6. 由於臺灣的山脈非常陡峭，河流經常氾濫，村莊農田經常被洪水淹沒，鐵路、公路及橋樑常被急流所沖斷，洪水造成的災害，實較颱風的強風為重。

7. 此外潮汐經常伴隨著颱風侵襲台灣沿海低窪地區，村莊、漁船經常被海水沖走，農地被海水鹽侵，甚至在

颱風侵襲後一、兩年都無法耕種，當颱風轉向海水落潮的時候，地面很多東西會被沖刷流向大海，碼頭、防波堤常被落潮所沖壞。

8. 土石流（Mudflow）

台灣因山脈陡峭，河流短而湍急，加之近年來對山林的濫墾亂伐，河川砂土的盜運，一遇颱風侵襲，台灣南部及東部地區即土石流氾濫成災，2009年8月8日颱風莫拉克侵襲台灣時，帶來豪雨，大肚山坍方，大量的土石流埋葬了整個高雄縣小林村，約有500人被活埋，台灣死亡總數約681人，是近年來颱風最大災害，莫拉克颱風離開台灣後，前往中國華南、華東地區。總計罹難人數達732多人（台灣724人，中國大陸8人），在亞洲地區亦是最慘重的颱風災害，所以被世界氣象組織颱風委員會第43屆會議上，把莫拉克在熱帶氣旋名字從名單中永久除名，這也成為世界氣象組織從未有的創舉。莫拉克颱風時，高雄、屏東地區降雨量達781.3mm，而阿里山累積雨量高達2786.5mm，創下台灣最大降雨量，但由嘉義以北逐漸減少，而台灣中部及北部降雨量僅200mm～800mm。

## 三、西元1897～1960颱風對台灣造成的災害

　　根據統計，如我們第三章第一節所述，過去64年內（1897～1960）台灣遭受237個颱風侵襲，受害者及災害都很巨大，1910年8月有二個颱風侵襲台灣，一個是在8月26日，一個是在8月31日，二個颱風造成741人死亡、744人受傷49,106棟房屋倒塌、36,537棟房屋損壞、38,341公頃農地遭遇了浩劫，1919年8月25日一個強烈颱風越過台灣中部，受害者361人、房屋損壞150,000棟、洪水淹沒農地27,500公頃，台灣全島都有災民，1944年8月13日另一個颱風侵襲台灣中部，受害者624人、數千間房屋被吹壞、235艘漁船失事。

　　1952年11月14日颱風貝絲（Bess）侵襲台灣南部，受害者797人，32,121間房屋受損，1953年6月3日颱風凱特（Kate），登陸花蓮，221人死亡，32,121間房屋受損，1956年9月有3個颱風侵襲台灣，共有114人死亡，211人受傷、114,789間房屋全倒、11,014間房屋受損。

　　1959年8月7日輕度颱風艾倫並沒有登陸台灣，而是在沖繩島東南方時向西北進行，轉向日本進行，但台灣中部

地區受西南熱帶海洋氣流的影響，自8月4日台灣中南部地區即開始降雨，8月7日至8月9日三日的降水量約800-1200公釐（mm），受災面積達1,365平方公里，災民30餘萬、667人死亡、失蹤者將近千人、受傷者數千人、23,215戶房屋全倒、18,754戶半損、130,000公頃農田受災，損失估計約新台幣37億元。註：本段87水災損失錄自Google網路。

　　1960年9月11日颱風帕米拉（Pamela）受災情形，153人死亡、336人受傷、12,349間房屋受損、207,079公頃農地造成很大的破壞，災害損失估計約新台幣21億9仟萬元。

　　根據前台灣省氣象所過去64年間1897～1960年颱風災害的統計如下：

| 災害分類 | 人員 | | 房屋 | |
|---|---|---|---|---|
| | 死亡 | 受傷 | 全倒 | 半損 |
| 過去64年間的受災總數 | 7,375 | 8,362 | 298,452 | 598,722 |
| 每年平均受災數 | 115.2 | 130.7 | 4,663.3 | 7,355 |

　　根據網路維基百科：台灣災難列表過去65年間1961～2015年颱風災害的統計如下：

| 災害分類 | 人員<br>（維基百科<br>1961 ～ 2015） | | 房屋<br>（消防署<br>1996 ～ 2007） | |
|---|---|---|---|---|
| | 死亡 | 受傷 | 全倒 | 半損 |
| 過去 55 年間的<br>受災總數 | 3822 | 6814 | 1468 | 4026 |
| 每年平均受災數 | 69.49 | 123.89 | 122.33 | 355.50 |

資料來源：

1. 人員傷亡：網路；維基百科－台灣災難列表。

2. 房屋損失：內政部消防署颱風及災情分析（1996～2007）。

3. 危機管理解讀災難謎咒第297頁，朱愛群教授著，造成重大生命財產的損失，平均每年所造成的農、漁業損失約新台幣四十億元，根據氣象局四十年來侵襲台灣颱風的統計平均每年死亡（含失蹤）約八十人，受傷約二百五十人，房屋全毀每年約三千棟。

　　朱氏的統計表，未註明四十年來颱風災害統計起訖的年份，與本書列舉的統計數字略有出入，但說明颱風災害對台灣生命、財產損失之嚴重性，則意見完全相同。朱氏統計甚有價值，值得參考。

　　颱風對台灣來說並非百害而無一利，台灣每年2～4月份因受大陸乾燥氣團的影響，是台灣缺雨的乾旱季節，經

常造成河流與水庫缺水現象，影響民生與農田水利灌溉，
這時候人們會盼望颱風早日降臨，所以四月份侵襲台灣的
颱風是比較受歡迎的。

# 第八章
# 颱風預報技術的演進

## 一、傳統的工具——天氣圖

　　颱風前的海象與天氣徵兆只可用於一般人們去推斷颱風即將到來，天氣圖是氣象機構預報颱風及一般日常天氣傳統的工具，在將各氣象站台，天氣觀測資料收集到的時候，即根據資料繪製成的天氣圖來分析天氣情況，假若天氣圖上繪出一個颱風的時候，正確的位置必須按照颱風附近氣象站台的風向與氣壓來決定，預報員用等壓線決定颱風位置時，必須考慮他們所繪天氣圖等壓線的偏離影響，一個有經驗的氣象預報員，常常採用下列徵兆預測颱風的形成：

1. 在颱風經常發生的區域，某些氣象台站的氣壓24小時內連續下降了3百帕（hPa）以上。

2. 該氣象台站等的盛行風方向向逆時鐘方向旋轉，除去日

常風向轉變因素之外，風向由北轉西，再轉向為南風。

3. 該氣象台站的風速較一般正常的情形增強25%以上，而且附近的氣流成逆時鐘方向旋轉。

4. 附近兩、三個氣象台站的天空先出現卷雲（Cirrus），然後是卷層雲（Cirrostratus），不正常的降下陣雨。

　　一個颱風，根據很多因素增強，其強度當等壓線從颱風的外圍至颱風中心到達12百帕（hPa）時，颱風的發展像一個熱動力引擎，它可能在熱帶海洋產生了較長的時間，氣象預報員在預測颱風發展的強度時，必須注意下略各點；

（1）颱風在改變方向前增強，而改變方向的位置常是在副熱帶高壓的高峰顯示出來的緯度上。

（2）颱風在高溫的熱帶海洋很快速的增強，但是當它進入攝氏25度（25℃）等溫線冷區時，立即減弱。

（3）根據經驗，颱風在進行速度在每小時13浬（KTS）時，很容易增強，但颱風形成階段其進行速度超過每小時17浬（KTS）時，即不會增強。

（4）當颱風加速進行的時候，將會降低其強度，但是當它走慢時，颱風將會增強其強度。

（5）當颱風在副熱帶高壓頂峰附近轉向的時候，颱風的強度，是根據颱風的結構以及天氣圖的一般配置情形來計算。

（6）若颱風與溫帶氣旋在副熱帶高壓區相遇時，它們將會混合在一起，而颱風隨之失去熱帶氣旋的本質，在此情形下，溫帶氣旋會立即增強其強度。

（7）颱風登陸後，由於摩擦力的影響，會很快地消失，陸地越陡峭颱風消失得越快。

（8）當颱風遇到高山時，颱風消失的情形將按颱風的強度與厚度以及山脈的高度來決定，有時候颱風在高空可以越過山脈，但是接近地面的颱風，常會被山脈所阻擋，此時一個颱風副中心在背山面可能形成，原來的颱風中心將會被副中心所代替，此時背風面的山坡地區會發生焚風。舉例來說，當颱風越過臺灣的中央山脈時，一個颱風副中心經常會在台灣西海岸出現。而台東地區有時會發生焚風現象，空氣溫度常會比鄰近地區高很多。

　談到颱風預報技術，最難而最重要的是颱風的路徑預報，在氣象從業人員之中有很多對颱風路徑預報的方法曾加

以討論，但是到目前為止，沒有一種方法證明是絕對可靠，茲將一些好的方法說明如下：

a. 外推法（Extrapolation Method）

　　此一方法是很多氣象預報員常採用的方法，他們按照天氣圖上颱風過去位置，與進行方向來推斷颱風未來位置與進行的方向，首先氣象預報員，從天氣圖上過去二個或更多的颱風位置，計算出平均的颱風前進方向與速度，但氣象預報員必須計算變數，這種方法不能單獨使用，氣象預報員必須考慮天氣圖上天氣型式的配置，如低氣壓（Low）、高氣壓以及鋒面的位置與進行方向。

b. 等壓法（The Isobaric Method）

　　颱風經常向氣壓降低很快速的方向前進，在颱風期間，氣象預報員必須繪一張等壓圖，繪出三小時至二十四小時的氣壓變化情形，以便推斷颱風未來路徑。

c. 等溫法（Isothermal Method）

　　自第二次世界大戰以來，高空觀測發展的情形非常良

好，高空天氣資料日漸增加，在各氣象機構，5000呎到40000呎高空的溫度、風向、風速可清楚地繪製成圖，根據颱風有沿著等溫線進行傾向的理論，氣象預報員可根據這種理論，參考颱風附近地區700百帕（hPa），10,000呎的高空圖來推測颱風進行的路徑，但一有事必須切記，當颱風在低緯度向西或西北西方向進行時，暖空氣常在颱風路徑的右邊。

## d. 統計法（Statistical Method）

統計結果颱風季節性的路徑，對氣象預報員來說，是一個很重要的參考資料，假若颱風進行的方向在天氣圖上有混淆的情形時，統計法對氣象預報員對颱風路徑的預測，將給予一個很好的暗示，該種方法對預報的準確率的百分比並不低。

## e. 數值法（Mathematical Method）

近代數值預報法應用在天氣預報工作上，發展情形非常良好，著名的馬龍氏颱風預報法，為許多氣象預報員所採用，但在台灣，日本人高橋先生（Mr.K Takahashi）及酒田先生（Mr. H. Sakata）決定颱風進行速度公式，亦常被一些天氣預報人員所採用，其公式如下：

$$\frac{dp}{dt} = \frac{\partial p}{\partial t} + (V \text{ Grad } P) \text{ If P keeps constant,} \quad \text{that is } \frac{dp}{dt} = 0$$

$$V = \frac{\partial p}{\partial t} / \text{Grad p}$$

上列公式中p為氣壓、$t$為時間、V為颱風進行的速度、Grad p為颱風區的氣壓梯度（傾斜度）。

一些氣象預報員認為這種經驗法則能夠求得一個很好的結果，事實上對氣象預報員來說，預測颱風不是那麼簡單的事，對一般天氣模式的考慮及對地形的影響亦非常重要。近年來電腦迅速發展，對數值預報的方法，正在不斷的加強。

數值天氣預報是將附近資料站地面高空氣象觀測資料輸入電腦，大型電腦再根據數值天氣模式，算出未來天氣可能的變化，三天預報的準確度已有相當的可信度。

## 二、飛機偵查颱風（Air Reconnaissance）

對預報颱風來講，利用飛機偵查颱風的位置與結構是很適當的方法，第一次利用飛機偵查颱風發生在1947年9月14日，美國人辛普森先生（Mr. R.H. Simpson），他是美國氣象局的代表，他與8位機組人員登上美國空軍RB-29偵察

機，飛向36000呎高空，於離邁阿密675哩外海的颱風中，颱風區域中的巨大積雨雲（Cumulonimbus）妨礙了飛機的正常飛行，由於陣雨的關係，能見度極端惡劣，飛機完全依靠導航雷達飛行，但這次飛行得到了下列成果；

1. 颱風區雲的高度，超越36000呎可能達45000呎到50000呎。

2. 颱風中心附近，卷雲（Cirrus）升的非常高。

3. 大量的雲層聚集在颱風各部分。

4. 在颱風36000呎高度的溫度是攝氏零下35度（-35℃）

1947年9月16日第二次飛行，RB-29偵察機飛行於10000呎高度進入颱風中心，這次飛行主要的目標是偵察颱風溫度的變化及大氣壓力，並對颱風的雲狀攝影，下列是這次偵測颱風的飛行成果：

1. 在颱風主要部分，積雨雲（Cumulonimbus）形成一種巨大的阻隔，成列地旋轉上升到颱風中心，陣雨傾盆而下。

2. 在颱風眼與颱風主要部分，存在天氣不連續性的情況。

3. 在颱風中心7500呎的高度上，氣流相當穩定，風速在每小時50浬（KTS）至54KTS，同時觀測到良好天氣

　　與良好的能見度，此後美國氣象局曾包租三架民航機
（二架DC-6及一架B-57）來做飛機偵查，從大西洋
到北美與南美偵查颱風。

　　在太平洋關島的美國空軍第54中隊（The U.S.A.F.
Reconnaissance Squadron 54），從1948年起，利用RB-29執行
飛機偵查天氣的任務，自從1956年起，RB-50偵察機取代RB-
29，RB-50偵察機中為了加強航行準確性，安裝了雷達設
備、渦抽吸（Vertex Aspirator或稱頂點吸氣器）、臨界溫度
探測器（Stagnation Temperature Probes）、紅外線吸收濕度計
（Infrared Absorption Hygrometer）以及數位系統與二進碼電
腦（D-Value Computer），亦安裝在偵察機上來觀測天氣，
假若氣旋未達颱風強度時，該中隊的飛機每天飛行一次，一
旦熱帶氣旋轉變達到颱風的強度，該中隊增加其飛行次數，
為一天二次，由於夜間能見度不良，該中隊在夜間不作飛機
偵察颱風任務。在白天，颱風的中心位置是用飛機上的雷達
所偵查，在1957年5月2日至16日的颱風特里克斯（Trix）期
間該中隊飛行41次，花費了257飛行小時來偵查颱風。

　　用飛機偵察到的颱風位置與路徑，仍非百分之百的準
確，它仍有20哩至60哩的偏移，這是由於飛行中的偏差。

用飛機偵察颱風最好的方法是派遣三架偵察機，第一架飛機由1000呎飛進颱風，然後爬升到8000呎，第二架飛機15000呎飛進颱風，然後爬升至25000呎，第三架由30000呎飛進颱風，然後爬升到45000呎，如此一來，颱風由1000呎至45000呎的結構可以很清楚的偵察到，而颱風的位置亦可準確的偵察到，但是經濟成本可能很高，不但美國做起來有顧慮，在台灣更難辦到。

台灣近年來中央氣象局經常租用漢翔公司AIDC（All Aspect Flight Service）全方位飛航服務系統，偵察颱風，並利用GPS投落探空儀（GPS Dropsonde）探測颱風，據說短期間48小時內的颱風預報效果很好。

## 三、氣象雷達

自從第二次大戰以來，雷達已有很大的發展，在氣象界很多私人與研究機構在研究所謂之雷達氣象學，說真的，雷達是偵察颱風動態一種良好的設備，氣象雷達的基本原理是，雷達發射的電磁波到空中的雲、雨以及小的水滴，然後反射回到雷達接收機的視窗上，在海洋中，颱風的雲系發展

的情形很好，而且颱風眼很容易在雷達視窗中看到，因之颱風的位置很容易被觀測者決定，但是在雷達視窗中颱風的結構常常不很清楚，亦不很完整，這是由於高山阻擋的影響，以及颱風雲系不平衡的關係，有時候雲很巨大，而雷達視窗常被巨大的積雨雲遮蓋，在這些巨大的雲中，常被觀測到破洞，這些破洞常使觀測者感到困擾去找出真正的颱風中心，由於這種原因，下列的技巧被認為是有需要的：

1. 假定近颱風中心圍繞的雲團是對稱性的，我們可以在颱風中心點去畫無數的圓圈。

2. 從平面幾何中我們可以了解圓周切線，垂直線從連接點必然通過圓周中心。

3. 由於前述的幾何理論，我們可以沿著旋轉的雲系，劃一切線與視窗上的某一點交會，它必定是颱風眼的中心（如圖-1），下列二個圖說，對於這些理論可以給予我們一個較明確的觀念：

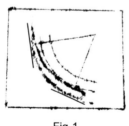

Fig-1

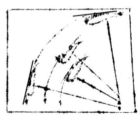

Fig-2

　　假若在雷達的視窗中顯示出好幾個旋轉的雲系，前述幾何方法也能夠適用，首先我們可沿著這些弓狀雲系劃幾條切線，然後從每條切線上，沿長垂直線在雷達視窗中交會某一點，它必定是最接近颱風眼的中心（如圖-2），如果這些垂直線不能夠交會在同一點，這些垂直線交會的區域，必然是接近颱風眼的中心，事實上，颱風中心附近的雲團並不是絕對對稱性的旋轉，垂直線的會接點只是靠近颱風眼的中心，不完全正確是颱風眼的中心，它常會有約20浬（37公里）的誤差。

　　談到雷達視窗中從眾多的雲洞中分辨真正的颱風眼，從經驗上，獲得一種實用的技巧，由於北半球的颱風中氣流是逆時鐘方向旋轉，它北邊吹東風，而它的南邊吹西風，假若我們在雷達視窗中發現一個雲洞，我們首先應查證在它北邊及南邊的雲向，假若它並不與前述在颱風中心有著與氣流的理論相反情形，這雲洞必然是真正的颱風眼，若與前述有關颱風中氣流的理論完全相反，在雷達視窗中它必然是假颱風眼。

4. 現在台灣很多氣象單位皆使用都卜勒氣象雷達，中央
氣象局在新北市五分山、東部花蓮、南部墾丁、西部
七股，建立了4部都卜勒氣象雷達，負責對台灣鄰近
海域及陸地之颱風及顯著天氣作24小時之偵察，對侵
襲台灣之颱風預報有顯著效能，但都卜勒氣象雷達雖
然進步，但仍免不了本章所討論的那些問題。

## 四、氣象衛星（Meteorological Satellite）

氣象衛星在1960年代開始興起，世界上第一個成功的氣
象衛星是1960年4月1日美國發射的泰洛斯1號（TIROS-1），
它一共運行了78天，為以後的氣象衛星發展開闢了一個新
的途徑。氣象衛星分為二種；同步氣象衛星（Geostational
Meteorological Satellite）與繞極軌道氣象衛星（Polar Orbiting
Meteorological Satellite），氣象衛星的功能很多，它可以很
清楚的觀測雲，雲的系統、冷暖鋒面、颱風，以至於湖泊、
森林、山脈、冰雪、火災、煙霧以及油跡汙染等現象。

## 1. 同步氣象衛星（Geostational Meteorological Satellite）

　　同步氣象衛星是在地球赤道上35,880公里的高度圍繞地球旋轉，它的軌道與速度與地球的公轉週期及地球自轉週期相等，因此它可以不斷地向地面輸送某一個地區的可見光圖片，目前在高空中有中國、美國、日本、歐洲、蘇聯以及印度所發射的各種氣象同步衛星，但在台灣的各氣象機構大都接收日本於太平洋東部140°E的MTSTAT TR同步氣象衛星的天氣資料。

## 2. 繞極軌道氣象衛星（Polar Orbiting Meteorological Satellite）

　　繞極軌道氣象衛星，它的軌道是通過地球的南北極與太陽同步運行，高度在離地面720至800公里的軌道上運行，亦就是說它們每日二次飛越地球上的同一個點，美國、中國、印度、蘇聯擁有繞極軌道氣象衛星，台灣各氣象單位大都接收美國的繞極軌道氣象衛星。

　　利用氣象衛星資料，要建立氣象衛星接收站，用來接收氣象衛星所拍攝紅外線圖像，氣象預報員可分析氣象衛星的圖像，確定颱風的位置和颱風的強度與它的進行方向，是最

近幾年來預報颱風最佳的利器，也成為新聞媒體報導颱風動向的寵兒。

# 第九章
# 防颱漫談

　　人類既然不能消滅颱風，但可以防避颱風，使颱風災害降到最低限度，在台灣最近幾年來，對防避颱風災害的觀念與宣導已很普遍，我們在這裡再整理出一些應該注意的事項，籲請讀者注意，也許會有點暮鼓晨鐘的作用，以防疏漏：

## 一、都市防災措施

1. 行道樹應經常修剪，根據經驗，颱風來襲各縣市行道樹吹倒的機率很大，如果平時加強修剪，去腐留強，可減少行道樹傾倒的損失。
2. 市內商業廣告招牌應嚴格管制尺寸大小及耐風力，以免在颱風時吹倒傷人、傷物。

3. 建築物鷹架平時應嚴格檢查其強度與耐風力，以免颱風時倒塌傷人。

4. 台灣大樓建築物外表都用磁磚，雖然美觀，但日久很容易剝落，颱風時很容易砸傷人，應研究改良。

5. 現代化都市高樓大廈林立，颱風時應緊閉門窗，玻璃應加貼膠帶，平時更應該注意其耐風力，陽台排水溝應打掃清潔以免堵塞。颱風期間應準備手電筒、儲水、儲備食物。

6. 低窪地區、一樓及地下室，颱風時應準備沙袋及抽水機，以防洪水入侵，如家中漏水、淹水時，請拔掉電源插頭，必要時應關閉電閘，以防漏電。

7. 電線斷落應速通知電力公司查修，並預防觸電。

8. 沿河川地區、防波堤的水門應及時關閉，以防洪水倒灌。

## 二、農村鄉鎮防颱措施

1. 除應參考前述都市防颱措施靈活應用外，更應注意土石流，尤其臨近山坡地的村鎮。

2. 農田應預留防洪道，以便颱風時容易引導洪水流入河流池沼。

3. 蔬菜果園：颱風來臨前應儘量採收成熟作物，以減輕損失，平時應組織勞動組織，以免臨時找不到人力。稻穀、肥料應儲存於較高的安全地方。

4. 養殖場：平時應建築活動型擋水牆，或覆蓋漁網式網罩等以免颱風時養殖物大量流失。家畜、家禽應安置於安全處所。

5. 隨時注意颱風動態、氣象報告，避免單人外出戶外工作。

6. 隨時注意水庫洩洪資訊，遠離洩洪河川地區。

7. 沿海村莊、鄉鎮：颱風時隨時注意海嘯及海水倒灌。

8. 颱風時勿勉強從事戶外工作，安全第一，績效可於颱風過後趕工完成。

## 三、交通運輸旅遊的防颱措施

1. 颱風時期，鐵路、公路都會根據颱風警報，宣布停駛或延期，航空則按照各機場起降標準而停飛，但有的

航空公司為了飛機調派情況，一達到起飛標準，即行冒險起飛，常會發生危險，颱風過後，應按天氣情況預留一點穩定過渡期，安全第一，排除冒險僥倖心理。

2. 颱風時，遊客要有安全第一的心理準備，行程延誤事屬不可抗力的天災，不應與航空公司或車站服務人員爭吵，要求即時開車、開航。

3. 航空公司應誠懇的告知旅客真實的天氣情況，颱風雖然已過，如極差的能見度，較低的雲層，強烈的對流雲狀，跑道側風及風切等等，皆不宜飛機起飛或降落。

4. 旅行團不應為了節省團費趕行程，冒著颱風危險而出團趕景點，而且應隨時注意危險地段，避免到可能發生山崩與土石流的地區或路徑去旅遊。

5. 旅客如因颱風誤了行程，應用行動電話通知親友或服務機構，求取諒解，而對旅行社亦應給予適當的補償，如縮短行程或給予額外的補償。

6. 飛機停在停機坪，飛機機輪應固定好，如遇強烈颱風，應考慮飛往臨近的安全備用機場，在此天然災害期間，機場當局應考慮降低停機坪使用費。

7. 海上航行的商船，應避開颱風區域或颱風前進的路徑，颱風期間，停泊港內碼頭的船隻，應加強錨纜的固定，一時疏忽，往往被強風斷纜，造成重大的海難。

8. 近海作業的漁船，應經常收聽中央氣象局的漁業廣播電臺氣象廣播，聽到颱風海上警報時，應趕快返航進港，妥為固定錨纜，以免斷纜或碰撞碼頭造成損失。

## 四、政府機關的防颱的措施

1. 這些年來經過幾次颱風、地震災害，政府在台灣各縣市、鄉鎮都成立了防救災中心，根據中央氣象局的颱風警報，縣市政府長官坐鎮救災，但是應該注意救災不如防災，如封鎖可能發生颱風災害路段，疏導民眾抗議，應嚴格執行，所謂防微杜漸是也。

2. 颱風假的爭議，颱風預報是不可能百分之百準確，颱風預報是一種傾向性的預報，而且預報人員為了責任關係，難免略有誇大之嫌，所以多放一天颱風假，雖然會影響機關、學校、工廠等的工作績效，但安全考慮的原則下，應超越工作績效的考慮，何況多放一天

假，也許會增加消費，有益經濟，不應斤斤計較放假的得失。

3. 動員軍警救災應及時，在颱風期間軍警救災應視為是一種保民、愛民的實際訓練，但災情資訊應掌握清楚，避免投入過多不必要的人力。

4. 颱風災害損失、稅務減免的措施雖然重要，但對窮困的低收入戶，直接的救濟，更顯得格外重要且能發揮實際效用。

5. 對於公共工程因颱風而施工延期，應予以扣除，對私人合約或公私文書送達的延期，應按颱風的假期，予以扣除，免生合約糾紛。

# 第十章

# 結論

　　颱風是一種自然現象，如我們在前各章中所述，它對人類可以造成極大災難，根據台灣64年間（1897～1960年）的紀錄及1961～2015年54年間的紀錄，總共119年間的紀錄，成千上萬的人民在颱風侵襲時喪失了性命，數佰億財產造成損失，經過過去這些年來觀測與研究，氣象科學家已經很清楚地了解了颱風結構。

　　有些科學學者曾試用凝固二氧化碳（CO2）與碘化銀粉（Iodine-Silver），在颱風開始形成的地方噴灑（Ag1）到空中，以便釋放潛熱去消滅颱風，或者在颱風將要形成的海洋上傾倒一層油質，阻止炎熱的海水供給颱風能量，更有些人們建議用原子彈（Atomic Bomb）去轟炸颱風，所有這些建議；既不可能實行，並且經濟成本昂貴。1946年美國海軍在原子彈試爆時，曾在太平洋上埃倪威托克島（Eniwetok Island）安裝了

很多精密氣象儀器，諸如；氣壓計、放映機（Bioscope）、紅外線溫度紀錄器（Thermograph）、水文儀（Hydrograph）去紀錄天氣要素的變化，在原爆時，在1000呎高度原子彈發展成積雨雲，而後逐漸為高積雲（Altocumulus），在不到10分鐘的時間，雲高很快地升到35000呎，而於原爆後50分鐘後消失。爆炸的熱氣波，隨爆炸的陣風只擾亂了大範圍臨近的一部分大氣，而且時間並不很長，天氣一點也沒有變化，而且連預期的雷雨，亦未曾發生。

一個直徑800公里的颱風，它的潛熱可能產生12,000,000,000馬力，用原子彈來比較颱風的能量，所以以目前來講，使用原子彈來消滅颱風是不可能的事，既然我們無法消滅颱風，只有在颱風侵襲前多加注意，因之，一個正確的颱風預報非常需要，目前平面的及高空的天氣資料已較為充足，加上氣象雷達、偵察颱風的飛機與太空的氣象衛星幫助，應該對颱風的12小時、24小時的短期預報當無問題，筆者認為當務之急，台灣應發展較長期的颱風預報及一般天氣的預報，長期預報；不僅對農業有幫助而且對工業亦有所幫助，一個不按時間來的颱風，將對農地正在生長的穀物是數佰萬噸的浩劫，且將損壞成千上萬的國家工業建

設，如果我們有一個正確的颱風長期預報，災害將會降至最低限度，諸如所知，長期預報主要依靠過去的天氣資料的統計，在過去64年來，前臺灣省氣象所，對氣象資料的統計，已有良好的發展，所有的氣象資料，對台灣的長期預報應用上是很有價值的資產，但是過去對颱風的統計只偏重對颱風的路徑與季節分析，它雖然對颱風的短期預報有用，但颱風的長期預報並沒有重要的價值，現在急需列印過去的歷史天氣圖，以便根據天氣圖瞭解颱風形成的天氣型態，以及侵襲台灣時的天氣情況，而根據這種研究或許對長期颱風預報能找到一些有價值的啟示，在過去人工繪製天氣圖的時代，這種颱風歷史天氣圖的研究與比較很難執行，但現在中央氣象局已配備了高速大型電腦，這種研究工作已較為可行，亦許中央氣象局的天氣預報部門正在從事這種研究，局外人士尚不了解，不過現在一個有經驗的氣象預報員，僅對颱風一個項目的預報即需有地面觀測經驗，天氣圖地面高空繪製與分析經驗，氣象雷達資料、飛機偵察資料以及衛星雲圖的分析資料有所了解，這樣全能的預報員，最低要有10年以上的經驗，所以氣象機構培養一個有經驗而且專精的預報員，是一條很辛酸的路程，希望初學

的氣象人員能讀後共勉之。

　　天氣預報是一種傾向性預測，準確率能達到95%已屬難能可貴，因為天氣因子的變化既非固定，而且非常迅速，常常使人無法掌控和預測，古人說「天有不測風雲」，現在雖然科學進步，但氣象科學仍非像物理、化學、電子、電腦等科技，1+1=2的科學，尤其是降雨量，所以偶有誤失，社會各界仍應予以諒解，據說現在氣象預報最先進的國家，如美國、日本等，天氣預報準確率在96%左右，而對颱風的預報準確率可能較96%略高，因為各國對颱風預報投入的設備較多，但是最重要的還要考慮當地的地理，地形環境及氣象統計資料，所以我們應該相信我們自己的氣象單位，如略有誤差，應予以精益求精的鼓勵，而非苛責，台灣的東部面向廣闊的太平洋，它是颱風的發源地以及行動發展的路徑，但廣闊的太平洋氣象觀測資料並不充分，所以我們建議加強船舶氣象觀測資料在現在流行的船舶自動識別系統（Automatic Idenfication System），AIS的系統文字後段，如能傳送船舶氣象觀測資料對颱風的預報準確率，當會加強，但此事涉及航業界的配合與各國政府的鼓勵，難度較高。亦許要由國際海事組織（International Maritime Organization）簡稱IMO

及世界氣象組織（World Meteorological Organization）簡稱
WMO的層次提倡才可實現。

# 附錄一

# 各類有關颱風圖表範例

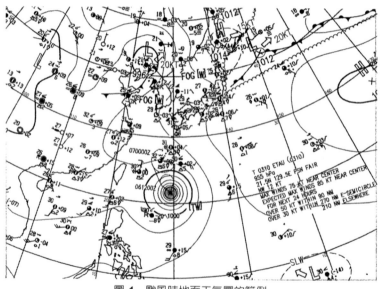

圖-1　颱風時地面天氣圖的範例

2003.8.6 00UTC 地面天氣圖，中度颱風艾陶（Etau）位於 21.5N 129.5E，
中心氣壓 955hPa，接近中心最大風速為 75KT（取自日本氣象協會網站）

# 飛機偵測颱風的情形－國科會的追風計畫

　　侵台颱風之飛機偵察及投落送觀測實驗（Dropwindsonde Observation for Typhoon Surveillance near the TAiwan Region (DOTSTAR)），又名追風計畫。有鑑於歷年颱風屢屢造成台灣地區重大災害，颱風研究的重要性不容小覷，國科會於2002年8月起提供補助，進行由台灣大學大氣科學系吳俊傑教授主持的「颱風重點研究」（Priority Typhoon Research）。此研究是一跨部會、臺美兩國跨國合作、並由我國研究人員主導的國際研究計畫，首要研究項目是以「全球衛星定位式投落送」（GPS Dropsonde）進行飛機觀測，可望增進學界對於颱風動力理論的瞭解，提高颱風路徑的預報準確度，並將台灣在國際颱風研究領域中帶入新的里程碑，扮演西北太平洋及東亞地區颱風研究的領導角色。

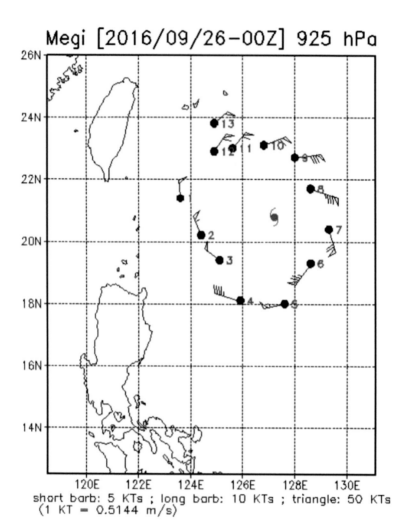

圖-2 梅姬（Megi）颱風-2016/09/26 0000 UTC、DOTSTAR飛行觀測路徑

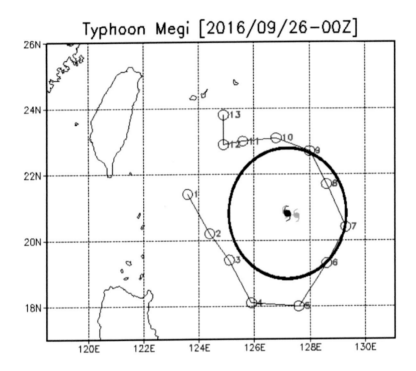

圖-2　梅姬（Megi）颱風-2016/09/26 0000 UTC、DOTSTAR飛行觀測路徑
追風計畫——侵台颱風之飛機偵察及投落送觀測實驗，上述資料摘自下
列網站
http://typhoon.as.ntu.edu.tw/DOTSTAR/tw/intro/intro.php
typhoon.as.ntu.edu.tw/DOTSTAR/tw/intro/intro.php

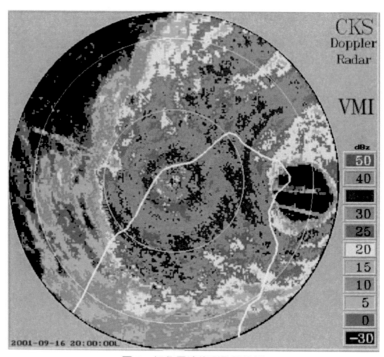

圖-3　氣象雷達偵測颱風範例

2001.9.16 12UTC 台灣桃園國際機場都卜勒氣象雷達幕上納莉颱風（NARI）
及其外圍環流和颱風眼之回波圖，（a）回波強度圖，颱風眼位於台灣東北
角（取自民航局航空氣象網站 http://aoaws.caa.gov.tw/）

圖-4　氣象衛星颱風的雲圖

2003.8.7 0023UTC 東亞可見光衛星雲圖，中度颱風艾陶（Etau）位於 26.6N 128.2E，中心氣壓 950hPa，接近中心最大風速為 80KT（取自中央氣象局網站 http://rdc28.cwb.gov.tw/TDB/ntdb/pageControl/ty_warning）

# 附錄二
# 氣象人生

　　氣象人生夢一場，在氣象這一行業中，人們常常對那些在氣象學說研究上有成就的人，領導氣象機構建設有業績的高級氣象人員，表示敬佩與讚賞，我們也應對那些曾在高山離島，默默無聞艱苦從事氣象工作的基層人員，有所了解並給予關懷。

## 一、玉山測候所工作時的甘苦談

　　西元1949～1950年，作者曾在台灣省氣象所玉山測候所從事氣象觀測工作與通信工作，當時登山棧道破損，爬山赴任，略不小心就會跌到山谷，不是粉身碎骨，就是腿斷腰折，岩石分化著名的「玉山泣坡」，這個45度斜坡，遇到強風登山者須俯首爬行，有如四隻腳的動物，高山上溫度的

沸點約88°C，煮飯總是半生不熟，每遇大雪封山，補給中斷，食物全靠布農族原住民同胞獵狩猴子、野豬等野生動物維生，當時玉山測候所有七名布農族原住民工友，日人稱為警丁，他們負責搬運補給品及職員安全，非常辛苦，那有現在用直升機運補的方便與舒適，當時待遇只有統一薪俸，沒有現在的專業津貼及高山離島生活補助費，下面是1949年幾幅玉山測候所與鹿林山氣象觀測站珍貴的歷史照片，它們真可以列入歷史古蹟。

圖-1　1949年玉山測候所的觀測坪與百葉箱，周明德先生提供，他與我在玉山、基隆及民航局台北航空氣象台三度同事

圖-2　1949年玉山測候所全貌，包括辦公室與宿舍

圖-3　1949年鹿林山氣象觀測站；作者（中穿黑衣服的小伙子）與前台南工
學院今成功大學登山隊合影

圖-4　1949年作者（前排中持獵槍者）於鹿林山氣象觀測站與台南工學院登山隊及布農族原住民同胞合影，他們是玉山測候所的工友，日人稱警丁，他們負責搬運補給品和維護我們的安全，非常辛苦，我與他們相處甚歡，到現在我還懷念他們

圖-5　這幅照片可顯示鹿林山氣象觀測站建築特色，它是荷蘭式別墅型建築
　　　物，據說鹿林山莊是1934年日人投資了壹萬元日幣興建的，它的內部有
　　　可容納五、六十人的大廳一處

## 二、蘭嶼測候所的歷史與蘭嶼開發的起始年代

再看一下蘭嶼測候所，直到1950年代，蘭嶼仍是補給困難，平常人視為畏途的未開發地方。1944～1945年，曾有二位日籍氣象工作人員，在那裡被紅蟲咬傷，發高燒喪命，所以氣象工作人員對派往蘭嶼工作視為畏途。

1954～1956年間，筆者曾被當時的台灣省氣象所派到蘭嶼，充當蘭嶼測候所主任之職，當時辦公室破爛不堪，第二次世界大戰時，美國軍機用機槍掃射留下的彈孔，痕跡累累，我們從廢土中重建，整理房舍、注意環境衛生、整頓氣象儀器與通信設備，每日按時作氣象觀測，用無線電通報台北氣象資料，守護了颱風襲擊台灣的前哨站，颱風時，工作人員在觀測坪測量溫度露點與雨量時，要用麻繩綑綁腰部，以防被颱風吹走，那有現在的自動氣象觀測儀器。台灣氣象資料統計上，最大的風速紀錄每秒鐘78.3公尺（78.3M/S），就是我們於1955年8月23日在蘭嶼於颱風中所測得。

氣象通信在沒有電源設備的情形下，用25瓦的手搖發電機收發電報，能與台北的臺灣省氣象所總臺保持百分之八、

九十的通達率，亦可以說是奇蹟一件。

1954年8月，救國團在成功大學校長閻振興先生領導下，率領一百多人到蘭嶼探險，8月27日適逢艾達颱風來襲，軍艦返回左營避風，颱風過後，補給品用罄，接運船隻遲遲不到，對外聯絡中斷，人心惶恐，幸賴蘭嶼測候所的電臺，也就是當時蘭嶼唯一的對外通信工具，經台灣省氣象所與救國團總部聯繫，催請軍方再派軍艦接運探險隊返台，事實上，這次探險隊是政府計畫開發蘭嶼的先鋒，探險隊中包括了港灣專家、公路專家、水利專家及電力專家等各行各業的學者專家。

臨走時，閻振興校長向本人獻旗致敬，感謝蘭嶼測候所電臺對外聯絡及時救援，那時我只有26歲，能接受這種殊榮，亦只有在蘭嶼那種離島氣象工作情況下才會發生，下面是幾幅珍貴的蘭嶼照片，充當氣象人生幾十年前的夢境寫照，亦告訴讀者那時候氣象工作是多麼的辛苦。在這裡特別將那些艱苦奮鬥的奇蹟，歸功於那些與我共患難的基層同事；李祁綽、林萬枝、張成仔、張憲龍、吳坤明、劉鉉與阿棟等人，沒有他們的鼓勵協助，我不可能在蘭嶼待兩年之久，尤其是好友李祁綽先生，他雖然在氣象工作上仕途不

順，但他的能力都會得到了解他的人們肯定，六十年前的往事舊夢，如天上的雲煙，就讓它隨時間隨颱風而去吧！

圖-6　1954年蘭嶼測候所的正門，建物上的坑洞是第二次世界大戰時美國軍機用機槍掃射留下的彈孔痕跡，可見二戰時蘭嶼測候所的重要性（右二為作者）

圖-7　蘭嶼測候所的風力塔，經過整理後1955年已不像1954年那樣破爛，中坐
　　　者左為同仁兼好友李礽綽先生，後排右為林萬枝先生，右坐者為張憲龍
　　　先生，左立者為阿棟先生，我們的同仁與雅美族原住民同胞相處甚為友
　　　善，他們派代表送獨木舟模型給我們。

圖-8　1955年蘭嶼測候所同仁，與蘭嶼鄉部落領袖合影，他穿的是雅美族原住
　　　民同胞標準的服裝（右一為作者）

圖-9 這張照片是1955年作者與蘭嶼東清國小師生合影，希望這些雅美族原住民小學生，已長大成人，健康快樂。（後排右一為作者）

# 參考文獻

1. General Meteorology - Horace Robert Byers, Sc. D. New York: McGraw -Hill Book Co. 1944

2. Tropical Meteorology - Riehl H. New York: McGraw-Hill Book Co. 1954

3. "Tropical Synoptic Meteorology" in "Handbook of Meteorology" New York: McGraw-Hill book Co. 1945

4. USN. Some Recent Developments in Synoptic Meteorology Typhoon forecaster's Guide, April 1952

5. The Text Book of Tropical Meteorology (Chinese) - The C.A.F. Training Command 1959

6. Tropical Meteorology (Chinese) - the C.A.F. Training Command 1954

7. The Statistics of Typhoon which attacked Taiwan during the past fifty years (Chinese) - The Taiwan Weather Bureau, 1948

8. The list of Typhoon which attacked Taiwan during the past years (Chinese) - the Taiwan Weather Bureau, 1960

9. Typhoon in Northwestern Pacific during 1960 (Chinese) - Research Department of the T.W.B., Meteorological Bulletin Volume 7, March 1961

10. Typhoon (Chinese) - Cong-I Hsueh, Cheng-Chung Book Co. 1955

11. Typhoon (Chinese) - Chung-Tsieh Shen, Cheng-Chung Book Co. 1959

12. How to Resolve the Problems of Radar Weather Observation (Chinese) - Pavl R. Phoon, Meteorological Forecast and Analysis No. 7 April 1961

13. "Digital Typhoon" Typhoon Images and Informaiton National Institute, Japan

14. 中央氣象局颱風資料庫1958～2016

15. 中央氣象局侵襲台灣颱風路徑的分類及分類圖1911～2015

16. 中央氣象局氣象宣導合輯

17. 網路：維基百科，台灣災難列表1961～2015

18. 內政部消防署颱風及災情分析1996～2007

19. 朱愛群教授著；危機管理解讀災難謎咒

台灣的颱風

| 國家圖書館出版品預行編目 |
| --- |

台灣的颱風 / 冀家琳著. -- 臺北市：冀家琳, 2017.08
　　面；　公分
　　ISBN 978-957-43-4653-0(平裝)

　　1. 颱風　2. 臺灣

328.550933　　　　　　　　　　106010019

# 台灣的颱風

**作　　者**　冀家琳
**出版策劃**　冀家琳
**製作銷售**　秀威資訊科技股份有限公司
　　　　　　114 台北市內湖區瑞光路76巷69號2樓
　　　　　　電話：+886-2-2796-3638
　　　　　　傳真：+886-2-2796-1377
**網路訂購**　秀威書店：http://store.showwe.tw
　　　　　　博客來網路書店：http://www.books.com.tw
　　　　　　三民網路書店：http://www.m.sanmin.com.tw
　　　　　　金石堂網路書店：http://www.kingstone.com.tw
　　　　　　讀冊生活：http://www.taaze.tw

出版日期：2017年8月
定　　價：300元